设计学系列成果专著

任文东 主编

月份牌画中的民国服饰研究

COSTUME
OF THE REPUBLIC OF CHINA
IN THE POSTERS
OF CALENDAR

王珺英 著

中国纺织出版社有限公司

总序
FOREWORD

　　当今时代是全球科学技术、文化艺术快速发展的重要历史时期，也是艺术设计发展取得突破性成就的黄金时代。随着计算机信息技术的迅猛发展，人类社会逐步开启了全新的世界观及生活观，前沿科技彻底颠覆了工业社会时代设计哲学指导的设计范围、设计内容、设计意义。当今设计所面临的是一个多元交叉、领域交融、机遇与挑战并存的新时代，探索设计与设计教育的新理念、研究未来设计学科发展的新范式在当下具有非常重要和切实的意义。

　　一个新学科的兴起预示着更多学科的交叉与融合。这种融合不仅发生在不同国家不同文化上，还发生在新的技术与科学的加入上，所以多元化学科交叉与融合将是艺术设计未来的发展趋势。任何学科都需要有创新力，设计更是如此。设计学本身作为一种交叉学科，它推动了各类社会学科的创新发展。而作为一个新时代的设计学生，他们需要拓宽视野，探索涉猎学科的深度与广度，掌握新技术与新媒介的应用手段，才能够成为符合新时代背景的合格的设计师。

　　设计的目的是服务于人，也是实现人类追求美好生活的重要手段。设计的特征是集成创新，设计的目标是以需求为导向的转化应用。设计教育只有实施多向度的跨界、知识的交融、资源的整合、创新的集成、科学的评价，才能培养出能统筹多元知识、满足社会需求的合格的创新设计人才。

    本套丛书是基于设计学学科的前期积累，综合了设计创新思维与方法、智能服装设计与教育、民族服饰与文化产业、民国图像与服饰历史、网络游戏与数字媒体、宜居城市广场群时空分布等研究成果，从多维度、多角度进行宏观与微观、传统与现代的多层面研究，努力丰富设计学学科的内容，拓宽学科视野。愿丛书的出版对设计学学科的发展起到积极的推动作用，与此同时，为高层次设计人才的培养以及设计教育范式转型与构建增添更多的理论支撑。

    感谢本书所有作者同事们的大力支持。在编写过程中，疏漏之处在所难免，敬请各位同行及广大读者批评指正！

任文东

2020 年 8 月

前言
PREFACE

　　在中国服装历史发展的进程中，历经了五次重大的服饰变革，分别发生在春秋战国时期、魏晋南北朝时期、唐朝、清朝以及民国。前四次服饰变革都发生在封建体制内，产生的变化无非是丰富了服装的款式。而最后一次服饰变革发生时，不仅社会制度变了，意识形态与思维方式也都变了，导致服装发生了深刻、彻底乃至脱胎换骨的变化，具体体现在以下六方面。其一，从服装款式上说，民国服装突破了传统样式，呈现多元化的风格。欧美的西方服饰、近邻日本的服饰，或是被直接"拿来"，或是被借鉴使用。因而，民国服装的样式，既有西方款式，又有日式制服，还有改良中装和传统样式，呈现多样化的服饰风貌。其二，从剪裁工艺上看，尽管各朝各代的服装也有变化，但服装制作的方法是一致的，采用的都是平面剪裁的制作工艺。而民国时期，随着西式服装的流行，西方立体剪裁的制作方法也被国人学习和采用。不仅用来制作西式款式，还用来制作和改良中式的服装，使服装更合体、更适用，如旗袍。其三，从服装的社会作用上看，自黄帝"垂衣裳而天下治"起，至周朝制定《周礼》，中国古代对天子、百官及各个阶层的服用制度都有严格的等级规定。所以，古代服装具有"昭名分、辨等威"的功用，并一直延续到清末。而到民国，由于推翻了封建制度，两千年来的服装等级观念也随之破灭。在民国，只要有钱，就可以任由自己的喜好穿戴。服装也体现了"自由、民主、平等"的思想。其四，从着装的审美观念和意识形态上看，由于西方的审美观、价值观以及艺术思潮在国内迅速传播，导致国人从意识形态上，改变了传统的审美观念。例如，《孝经》中说"身体发肤，受之父母，不敢毁伤，孝之始也"，因而古人"蓄发不剪"。而民国不仅男性剃发，女性也有短发和烫发。再如，自宋代以来，女性便开始裹脚，至清代由于男性的畸形审美，裹脚更为盛行。而至民国，由于科学、医学及男女平等思想的倡导，女性发生了从裹脚到放脚的转变，甚或穿上了西式的高跟鞋。其五，从服装的传播方式上看，古代服装的流行绝大多数都是从帝王、后妃、贵族等上层社会向普通百姓间传播的"上行下效"型。而民国时期的服饰风尚则是由名媛、商人、知识分子、银行家等引领。其六，从服装的营销模式上说，传统的服装制作除了帝后及文武百官的服装有专门的织造机构外，普通人的衣服或是在布庄、绸庄制作，或是由女眷自制。而在民国，出现了很多百货商店，不仅有专门的成衣出售，还融入了广告推销的理念——出现了月份牌时装美女图、明星广告、模特展示、时装表演等多种营销手段。这场由政治体制与意识形态的转变而引起的服饰变革，打破了传统的服装款式，使民国时期的服装呈现多元的风格。尽管民国历史不过三十余年，但服装的变化却是深刻的，影响也很大。不仅带动了当时纺织业的进步，推动了民国经济的发展，还是中国第一次与国际时尚潮流接轨，当时西方流行什么，国内就有什么，几乎与国际时尚同步。民国服装也是传统服装迈向现代服装的分水岭，直接影响了今天的穿戴。因此，民国时期的服装在中国服装的发展史上举足轻重。由于民国距今的历史并不十分遥远，且留下了大量服装实物、照片、广告画……这些都是了解民国服饰的宝贵资料。其中民国时期的月份牌画对当时的穿衣时尚给予了充分的展现，无论是中式的服装，还是西式的服装，无一不被形象地描绘出来，成为"市井渗透性和影响力最为成功的服装画"❶。

❶张志春.中国服饰文化[M].2版.北京：中国纺织出版社,2009:272-273.

月份牌是民国时期中西文化交流与碰撞的一种商业艺术表现形式,其中的绘画图像包含了丰富的民国民俗资料,涵盖了衣、食、住、行各方面,全面地记录了民国社会生活的现代化变迁。到 20 世纪 20 ~ 30 年代,月份牌画发展到了鼎盛期,此时也正是民国服饰形制发展的完备期,而月份牌中的人物图像在一定程度上可以映射出当时的服饰风貌。月份牌从最初的商品宣传画,发展为具有商业性、大众性的广告艺术,并兼具年历功能与审美功能。现存大量丰富的月份牌画,足以构成一份近代民俗史料,可供学者进行民国美术、历史、社会、经济等各角度的研究。因此,月份牌画成为近代服饰演变的历史见证,也是民国时期服饰艺术重要的图像资料。诚然,月份牌不是研究民国服饰的唯一途径,民国的人物绘画、照片等,都可以作为本研究的印证和补充。但月份牌中所蕴含和传达的丰富服饰信息,一定程度上可以传达民国服饰文化的变迁。尤其是以女性图像为主题的月份牌,数量可观,能够反映出民国新女性形象的衣装特征及审美取向,是了解女性服饰文化的重要资料。尽管月份牌中男性形象和儿童形象所占比例不大,仅作为陪衬出现,却也能够反映民国男装与童装的基本状况。而且,这两部分在以往对民国服饰的研究中并没有得到应有的重视,从月份牌中挖掘男装和童装的研究也很少有涉及。作为商品宣传的月份牌广告画,其自身的广告内容也是了解民国服饰文化的重要资源,如鞋帽广告、化妆品广告、面料广告等,这些都是以往研究中被忽略的内容。月份牌中或许不能全面地反映民国时期人们生活的全貌,但作为广告画,它所透露出的信息展现了当时的流行风尚,包括男装、女装、童装以及饰品与其他纺织服饰资料。所以,通过对月份牌中的服饰信息梳理、整合与分析,自然也可以解读民国服饰艺术与审美变迁。

有鉴于此,本书试图通过月份牌画中的人物图像解析,对月份牌中的服饰进行新的解读和再研究,以风格梳理和审美分析为重点，围绕历史语义和文化特性对月份牌画中的服饰与民国时期的社会文化现象进行研究。书中大致分为三个层次：一、通过月份牌中的人物图像，来解读民国童装、男装、女装的具体服装样式及演变，以及与之相关的发型、妆容、面料与图案等。由于月份牌中女性形象占绝大多数，因而对于女性的服饰表现极为充分，从头到脚，从发型、首饰到皮包、高跟鞋，无一不逼真地记录下来，基本可以通过月份牌中的女性图像，掌握民国女装概况。月份牌中也有相当数量的儿童形象的表现，但以西式打扮较多，中式着装较少。至于男性形象在月份牌中则刻画极少。因而，对于儿童服装与男性服装的研究，是将月份牌图像与老照片等图像资料及文献资料进行比较研究。二、月份牌画是中国近代流行服饰的缩影，是近代服饰演变的历史见证，其中不仅能见到服装具体款式的演变，也反映了民国时期新的审美观念和价值取向，以及传统文化与现代文化、东方文化与西方文化间，由碰撞到交融所引发的丰富文化内涵。因此，本书将深入挖掘月份牌服饰图像中隐含的更加深层的艺术现象与文化规则，探讨月份牌中的服饰与海派文化、大众文化及时尚文化等的关联。三、基于对月份牌图像中的民国服饰研究，深入探讨民国在短短几十年中的服饰转型问题。民国是中国服饰发展历史中最为重要的变革阶段，千年的古代衣冠制度被推翻，并完成了由中式向西式，由传统到现代的过渡。在顺应时代发展的过程中，民国的儿童服装、男装与女装都分别形成了各自的服饰文化，在审美趣味、思维方式和价值理念上都具有时代特点。

　　由于时间仓促，书中难免有疏漏之处，敬请各位同行及广大读者批评指正。

目 录
CONTENTS

第一章
月份牌画的历史与文化 ·· 001

第一节 月份牌释义与起源 ··· 002
第二节 月份牌画的主题 ··· 008
　　一、传统题材月份牌画 ··· 010
　　二、现代生活题材月份牌画 ······································ 012

第三节 月份牌的构成与形式结构 ································· 016
第四节 月份牌画的创作 ··· 024
　　一、画面风格 ··· 024
　　二、材料与印刷 ·· 026
　　三、笔法 ··· 026
　　四、流水协作 ··· 029

第五节 月份牌与商业文化 ··· 030

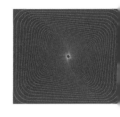

第二章
月份牌画中的服饰图像 ·· 037

第一节 月份牌画中的男装 ·· 038
一、传统中式男装 ·· 038
二、西式男装 ··· 041
三、中西混搭男装 ·· 043

第二节 月份牌画中的女装 ·· 044
一、上衣下裙 ··· 044
二、上衣下裤 ··· 048
三、新式旗袍 ··· 051
四、西式女装 ··· 058
五、中西混搭女装 ·· 067

第三节 月份牌画中的童装 ·· 070
一、传统中式童装 ·· 071
二、西式童装 ··· 075

第四节 月份牌画中服饰图像的可信度论证 ······················· 080
一、女装：有限的多样与相对的真实 ·································· 081
二、男装：以配角身份出现的典型男性形象 ························· 084
三、童装：月份牌画中儿童形象与生活中儿童形象之别 ·········· 086

第五节 月份牌画中的服饰风格 ·· 090
一、女装的趋异性 ·· 090
二、男装的趋同性 ·· 094
三、童装的趋西化 ·· 096

第六节 小结 ··· 099

第三章
月份牌画中的服饰文化 ⋯⋯⋯⋯⋯⋯⋯⋯⋯⋯⋯⋯⋯⋯⋯⋯⋯⋯⋯ 101

第一节 月份牌画中的新女性形象 ⋯⋯⋯⋯⋯⋯⋯⋯⋯⋯ 102
　一、新女性的崛起 ⋯⋯⋯⋯⋯⋯⋯⋯⋯⋯⋯⋯⋯⋯⋯⋯⋯ 103
　二、月份牌画中新女性的形象分析 ⋯⋯⋯⋯⋯⋯⋯⋯⋯ 105
　三、教育与新女性形象 ⋯⋯⋯⋯⋯⋯⋯⋯⋯⋯⋯⋯⋯⋯ 111

第二节 月份牌画中的男装之变 ⋯⋯⋯⋯⋯⋯⋯⋯⋯⋯⋯ 118
　一、中西并举 ⋯⋯⋯⋯⋯⋯⋯⋯⋯⋯⋯⋯⋯⋯⋯⋯⋯⋯ 118
　二、符号与社会身份 ⋯⋯⋯⋯⋯⋯⋯⋯⋯⋯⋯⋯⋯⋯⋯ 124

第三节 月份牌画中的服饰与时尚文化 ⋯⋯⋯⋯⋯⋯⋯ 126
　一、"摩登"成为月份牌画中人物服饰的特色 ⋯⋯⋯⋯ 127
　二、月份牌画中的"时尚" ⋯⋯⋯⋯⋯⋯⋯⋯⋯⋯⋯⋯ 129

第四节 月份牌画中的服饰与大众文化 ⋯⋯⋯⋯⋯⋯⋯ 136
　一、月份牌画中的服饰与通俗文学 ⋯⋯⋯⋯⋯⋯⋯⋯⋯ 138
　二、月份牌画中的服饰与电影艺术 ⋯⋯⋯⋯⋯⋯⋯⋯⋯ 143

第五节 小结 ⋯⋯⋯⋯⋯⋯⋯⋯⋯⋯⋯⋯⋯⋯⋯⋯⋯⋯⋯ 146

第四章
月份牌图像中的民国织物设计 ·················· 149

第一节 月份牌图像中的织物面料 ·················· 150

第二节 月份牌图像中的服装纹样 ·················· 154
　　一、花卉纹样 ·················· 154
　　二、几何纹样 ·················· 159

第五章
结语 ·················· 163

参考文献 ·················· 170

附录1月份牌中的男装分析表 ·················· 176
附录2女装款式对照表 ·················· 179
附录3月份牌中的儿童服饰分析表 ·················· 183

Chapter 01

第一章　月份牌画的历史与文化

　　20 世纪上半叶，随着市场经济的发展及商业竞争的需要，由传统年画改良而成的附有年历表的月份牌，成为商业招贴宣传的重要广告形式。在民间木版年画的基础上，受国画改革、西方油画与摄影艺术及印刷技术的多方面影响，月份牌画逐渐形成了自己独具特色的图像表现形式。其题材丰富多样，时装美女题材尤为受欢迎，以擦笔水彩画法为独特的创作方法。月份牌的发源地以上海地区为主，在 19 世纪末出现，至 20 世纪二三十年代发展到鼎盛期，到新中国成立后又转型成为政治宣传画。历时虽短，却与社会转型、思想开化、文化传播直接相关，反映了民国时期的社会风情，并深受大众喜爱。

第一节
月份牌释义与起源

　　《中国大百科全书·美术卷》对月份牌做了明确的界定："中国 20 世纪初兴起于上海的一种绘画。因早期画上附有年月历表，故名。最初是外国商人为在中国推销、宣传他们的商品而印制的石版彩印年画。起因是，他们看到中国民间有贴年画的习俗，并且发现民间年画大多附有年月历表，给人们生产、生活带来方便，而有年历的年画大多要贴用一年才更换。他们认为这种形式可以利用，能起到普及、持久的宣传效果。于是不惜工本，请画师画稿，采用石版彩印成精致年画，附印上他们的商品广告，随商品免费送出，以达到推销、宣传商品的目的。经过一段实践，证明这种办法宣传效果很好。于是各商家竞相采用，使这种年画发行量骤增，在城镇广泛流通。"[1]显然，月份牌是清末民初商品经济发展的产物，商业竞争带动了近代广告业的发展，月份牌应运而生。起先是在 19 世纪末至 20 世

---

❶中国大百科全书总编辑委员会《美术》编辑委员会, 中国大百科全书出版社编辑部.
中国大百科全书·美术卷 II [M]. 北京：中国大百科全书出版社 ,1990:1036.

纪初,中国港口门户被迫开埠后,洋商们为了推销自己的商品,以获取更多利润,在商品广告宣传画上附以中国传统年画中的节气表与日历表,在画面题材的表现中:"最初,他们只是把外国现成的西洋人物和风景画片作为推销商品的广告,随货物赠送客户。岂知中国商户对这些西洋画片反应冷淡,效果显然不佳。洋商们很快悟出道理,要在中国赚取更多的钱,就要入境随俗,吸引中国买主的注意。他们开始将中国传统的历史故事、戏曲人物等内容印在广告上,并在画面的上方或下方印上中西月历节气。这种广告画纸很考究,印刷精致,有的还在上下两端加嵌铜条,以方便悬挂。洋人们在销售商品或逢年过节时便将这种漂亮实用的广告画随同售出的商品赠送给顾客,极受中国城乡客户的欢迎。"❶这便是月份牌广告画。月份牌画的诞生,使国内外商家找到了理想的广告表现手法,这种既有传统工细画法的特征,又有三维效果(但又不是西洋画那样明显的明暗表现手法),且画幅清晰明亮的月份牌画,很适合一般消费者的审美情趣。❷因此,月份牌画就随着民国商品经济的发展,渐渐流行和普及起来,衍生成为民国时期一种典型的大众艺术形式,并渐成自己的风格和表现形式。月份牌画以人物形象为画面主体,而广告的商品和年历表、月历表却只占极少的画面。王伯敏先生将月份牌画定义为:"月份牌画,简称月份牌,原用在月历表牌上,可以按月而用。后来,用途既广,称呼尺度也放宽,凡是与月份牌一类内容与形式、格局相类似的,统称之为月份牌,成为市民的一种通俗美术,一度与'洋片'(西洋镜画)很难区分。月份牌,除用于月历外,曾经更多地被用于绸、布、纱、绒业的商品包装上,即便是香烟、糖果以至肥田粉、洋伞的推销,都曾使用过月份牌做广告。"❸由此可见,月份牌逐渐演变出不同的类型和形式,有月份牌画片、月

❶张伟.月份牌年画 [N/OL].《新民晚报》网易教育论坛 ,2007-9.

❷吴亮.老上海——已逝的时光 [M].南京:江苏美术出版社 ,1998:56.

❸王伯敏.中国绘画通史:下卷 [M].北京:生活•读书•新知三联书店 ,2000:544.

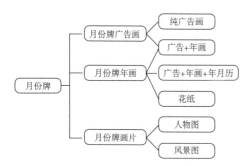

图1-1 月份牌的类型关系图

份牌广告画、月份牌年画等及与月份牌形式内容类似的"绘画作品"（图1-1）。

　　最早的月份牌出现在19世纪末。至于具体哪幅作品是最早的，随着新的发现，学术界对此有了更新的认识。起初，被公认为最早的月份牌画是《沪景开彩·中西月份牌》，如图1-2所示。王树村曾指出："现存最早的月份牌画是诞生于光绪二十二年(1896)，由当时上海四马路(今福州路)上的鸿福来吕宋彩票行随销售彩票奉送的《沪景开彩·中西月份牌》。图下标有'上海四马路鸿福来吕宋大票行定制《沪景开彩·中西月份牌》随票附送不取分文。'该画描绘了商业的繁忙景象，正式标明了月份牌字样，并印上了商家的名称，具备了广告功能。《沪景开彩·中西月份牌》出现以后，月份牌绘画这一名词才开始使用，并被沿用下来，遂逐渐形成一种新的画种——月份牌年画。"❶在创作上，《沪景开彩·中西月份牌》采用了民间木板年画印制的方法，从题材上看，画面里既包含传统年画中常见的"招财进宝"与"年年如意"等吉庆内容，同时也传达出小市民阶层对于博弈彩票的兴趣与消费需求。显然，月份牌以表现新奇之物为吸睛点，促使大众消费，并满足大众的需求。

---

❶王树村.中国年画史[M].北京：北京工艺美术出版社,2002:207.

图1-2 沪景开彩•中西月份牌

　　明确的"月份牌"名称是在 1896 年《沪景开彩•中西月份牌》出现以后才有的，但具有标识月份功能的图像，在 1888 年（光绪十四年）的《申报》中即已出现。该报赠送了一副印有 1889 年月份的新式月历牌，"上面印有 365 天，12 个月，24 个节气，而边框则由 24 幅以二十四孝故事为内容的图画组成。"[1] 从内容、表现形式上看，此图已具备了月份牌画的基本特征，与传统年画已然不同。

❶陈超南 , 冯懿有 . 老广告 [M]. 上海 : 上海人民美术出版社 ,1998.

　　而最新的研究成果是郑立君提出的，《华英月份牌》是目前为止发现的最早的月份牌画。她在《场景与图像——20 世纪的中国招贴艺术》中指出："光绪乙亥十二月初七日（公历 1876 年正月初三）的《申报》上，刊登一条销售《华英月份牌》的广告，该条广告在七日到十四日的《申报》上，连续刊载了 8 天。这是现在可以查到的中国大陆最早的关于月份牌印刷发行的文字记载。"❶（图 1-3）这则发现，就将月份牌广告画的出现，向前推进了 20 年。在 19 世纪70 年代，已有一些报馆、彩票行、轮船公司等开始向顾客赠送或出售一种被称为"月份牌"的广告画，并在报纸上刊登月份牌信息。例如，《申报》1885 年 12 月 24 日（光绪十一年十一月十九日），刊载了 8 家彩票行随彩票赠送月份牌的广告。所以说，具有广告性质的"月份牌"早在《沪景开彩·中西月份牌》之前便已出现了。

　　月份牌作为 20 世纪初至 20 世纪 50 年代，以上海为中心发展起来的一种特殊的画种，它最早是什么时候出现的？随着不断的资料考据，很有可能还会发现比《华英月份牌》

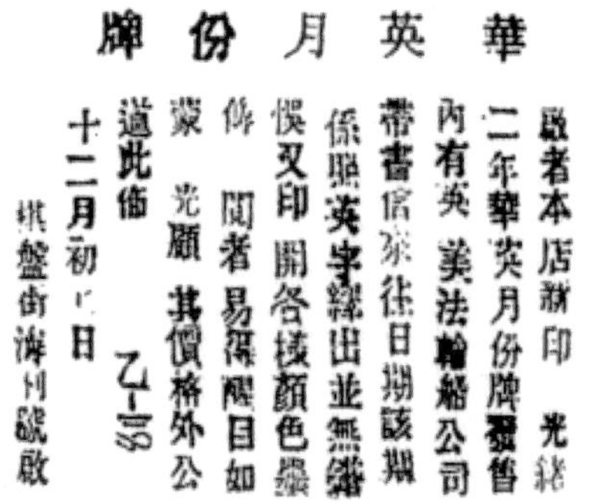

图1-3 华英月份牌

---

❶ 郑立君 . 场景与图像 :20 世纪的中国招贴艺术 [M]. 重庆 : 重庆大学出版社 ,2007:17.

更早的月份牌。寻找最早的月份牌固然很重要，但理清月份牌产生的原因，也是很关键的问题。显然，月份牌的形成是受很多因素的影响：一、政治因素。中国门户开放，受帝国主义经济文化的侵略及不平等条约的压迫。二、经济因素。西方资本主义垄断，中国民族企业的崛起，商业竞争日益激烈，广告业勃兴。三、社会因素。当时社会保持部分中国传统，并崇尚西洋文化。此时，政治、经济与社会因素正处在中外两股势力的相对和矛盾之中，在种种因素的影响下产生了月份牌广告画这一极具时代性的画种。

第二节
月份牌画的主题

　　19 世纪末西方的文化艺术、观念思想、货物商品等大量地涌入国内。西方商人们为了倾销洋货，试图采用广告宣传的推销方式，打开中国市场。开始时，他们用广告画片馈赠顾客，但由于中西方审美品味大相径庭，画有华盛顿等伟人形象，或是罗马等名胜古迹的风景画，抑或是《拾穗》等名画的广告画，并不受国人欢迎，推销商品的效果甚微。后来，洋商们发现中国于岁暮时节所绘制的传统年画很受欢迎，几乎家家户户都会将几张年画贴于家中讨喜气。因此，洋商们看上了传统年画在中国人生活中的精神冀望作用，将原先画面题材的外国女子、风景、静物或图案改绘成传统年画中常见的天工开物、八仙上寿等传统题材，再配以年历表或西式月历，增添广告画的实用性，并在画面恰当的位置标出商品和商标，便形成了月份牌画的雏形。显然，早期月份牌画与传统年画有着深厚渊源，因此在表现内容和主题上，往往具有一定程度的吉祥寓意及教化作用。例如，1894 年英商利华公司印行的《八仙上寿》、启东烟草股份有限公司广告《关公明义图》（图 1-4）、中国

图1-4　关公明义图（启东烟草股份有限公司月份牌）

华东烟草公司广告《苏武牧羊图》（图1-5）等。之后
仕女画（图1-6、图1-7）、山水图复制品（图1-8）也
被搬进了月份牌里。从表现内容上看，早期月份牌画主要
以历史故事、戏曲传说、仕女人物等民俗题材为主。之后，
随着上海等沿海城市进一步发展，以及世俗文化的空前繁
荣、时尚文化的普及、大众文化的流行等原因，国人的审
美趣味发生了变化，月份牌的受众也由农民转变为市民阶
层，原先那种将戏曲故事或神像与年月历相结合的月份牌
画，显得过于平淡和单调，已经满足不了刺激商品大量销
售的要求，故而以时装美女为题材的月份牌画应运而生。
由于人们对时髦的装束及城市生活的憧憬，这类题材的月
份牌画广受民众喜爱，逐渐变成月份牌画中的主要题材，
而传统木版年画中的民间故事和吉庆题材在月份牌画中逐
渐淡出。从月份牌的题材演变来看，大体可以将月份牌画
分为两类：传统题材和现代生活题材。

图1-5 苏武牧羊图（中国华东烟草公司广告）

图1-6 张丽华图（英美烟公司月份牌）

图1-7 王昭君图（英美烟公司月份牌）

图1-8 三炮台香烟月份牌

一、传统题材月份牌画

传统题材月份牌画主要出现在 19 世纪末 20 世纪初月份牌发生初期，由于早期月份牌与传统木版年画的借鉴关系，传统年画中表现通俗的、吉祥的、喜庆的内容易被大众接受和喜爱，因而很自然地被植入在月份牌中，以此打开月份牌的大众接受渠道，达到促销商品的目的。因而，传统题材的月份牌画也同样具有一定意义的吉祥寓意或教化作用。此类传统民俗绘画因表现内容多是人们耳熟能详的事物，故具有外国画片无法相比的群众基础而得以畅行。这类题材直到 20 世纪 20 ~ 30 年代月份牌发展的鼎盛期，仍有表现，如《黛玉葬花图》（图 1-9）等，只不过在出现的频次和数量上已无法与时尚女性月份牌画相提并论。而且，传统题材虽有一定创新，但因为表达内容陈旧没有突破，固而逐渐被时尚女性月份牌所取代。具体而言，传统题材表现的内容可分为民间故事与历史典故、宗教故事、文献故事、山水与花鸟画、仕女画等。

民间故事与历史典故题材的月份牌画有《春夜宴桃李园》、《戏彩娱亲图》（图 1-10）、《昭君出塞图》（图 1-11）、《二十四孝全图》（图 1-12）、《张敞画眉图》（图 1-13）；穉英画室绘中国华东烟草公司广告《苏武牧羊图》与启东烟草股份

图 1-9 黛玉葬花图（大前门牌香烟月份牌）

图 1-10 戏彩娱亲图（上海汇明电筒电池月份牌，周柏生绘）

图 1-11 昭君出塞图（启东烟草股份有限公司月份牌，穉英画室绘）

有限公司广告《三笑因缘》，以及宏兴鹧鸪菜广告《画获教
子图》；谢之光绘华成烟草广告《木兰荣归图》与启东烟草
股份有限公司广告《李白醉写番表图》等。

宗教故事的月份牌画有周柏生绘制的启东烟草股份有
限公司广告《观音图》（图1-14）、大前门牌香烟广告《仙
女散花图》（图1-15）、中国克富烟草公司的《八仙上寿》、
丁云鹏绘制的《天河王母》等。

文献故事题材的月份牌画有永泰和烟草广告《二乔图》
（图1-16）、英美烟公司广告《西游记》、民生烟公司广告《水

图1-12 二十四孝全图（局部）

图1-13 张敞画眉图（启东烟草
股份有限公司广告，周柏生绘）

图1-14 观音图（启东烟草股份有
限公司广告，周柏生绘）

图1-15 仙女散花图（大前门牌香烟
月份牌）

图1-16 二乔图（永泰和烟草股份
有限公司月份牌）

浒传》《三国演义》、袁秀堂绘的《赵子龙沿江寻斗图》等。

仕女画题材的月份牌画一般将仕女描绘为传统衣装打扮，同时极为强调对细致肌肤及动态肢体的表现。其中以周慕桥创作的仕女画为代表，如其在20世纪初创作的《潇湘馆悲题五美吟》与《花木兰》，在传统绘画的基础上，运用了西方绘画的创作方法进行描绘，在色彩上比传统仕女图更细腻、更丰富，也更加能够吸引普通消费者。

山水与花鸟画在传统月份牌中所占比例不多，显然这类题材的大众接受度不高，却也有另一番情趣，以胡伯翔的作品为常见，如《龙华春色图》（图1-17）、《巫峡晓云图》（图1-18）、《闽江远眺图》（图1-19）、《燕郊雾雪图》（图1-20）等。也有将整个画面都创作为山水画或花鸟画的，更具有传统山水画与花鸟画的韵味。

二、现代生活题材月份牌画

民国社会生活发生了巨大变化："新教育兴，旧教育灭；枪炮兴，弓矢灭；新礼服兴，顶翎补褂灭；剪发兴，辫子灭；盘云髻兴，堕马髻灭；爱国帽兴，瓜皮帽灭；爱华兜兴，女兜灭；天足兴，纤足灭；放足鞋兴，菱鞋灭；阳历兴，阴历灭；鞠躬礼兴，跪拜礼灭；卡片兴，大名刺灭；马路兴，城垣卷栅灭；律师兴，讼师灭；枪毙兴，斩绞灭；舞台名词兴，茶园名词灭；旅馆名词兴，客栈名词灭。"❶ 这些新气象与新事物，成为20世纪20～30年代的月份牌画中常见的表现题材，通过这一时期的月份牌画，可以了解民国新兴都会生活和市民阶层的风貌，不仅有描绘城市生活的场景，还有深受欢迎的都市人物形象的刻画。

都市人物题材以表现时尚女性形象为主。月份牌以推销商品为目的，为了让消费者能够购买商品，并把月份牌悬挂起来，天天看到月份牌和上面的商品，因此月份牌上必然需要有一些赏心悦目的形象，而时尚美女形象恰好是

---

❶资料来源于1912年3月5日的《时报（上海）》。

图1-17 龙华春色图（胡伯翔绘）

图1-18 巫峡晓云图（胡伯翔绘）

图1-19 闽江远眺图（胡伯翔绘）

图1-20 燕郊雾雪图（胡伯翔绘）

最好的选择。一般而言，时尚女性以一人像或双人像的形式，通过将传统人物画与西画的素描水彩相结合的擦笔淡彩手法表现。人物面含微笑，肌肤温润细腻，装扮时尚，尽显都市女性的风尚，具有很强的广告视觉效果，刺激了消费者对商品的联想和购买欲。其中，也有一些时尚女性的月份牌以当红女星做模特，如陈云裳、李丽华等（图1-21），这类月份牌更是深受大众喜爱和欢迎。最早在月份牌中描绘时尚女性的是郑曼陀，1914年他为高氏兄弟开办的审美书馆印行《晚妆图》与《银塘秋水》，随即由郑曼陀绘制的月份牌人物成为商业广告的时尚标志（图1-22、图1-23）。丁云先、周柏生、谢之光等画家早期均受"曼陀画"风格影响。而后，杭穉英创作的洋味十足的现代时尚女性成为主流（图1-24、图1-25）。尽管月份牌宣传的商品有的与画面表现的时尚女性并无直接关联，给人一种生硬植入、驴唇不对马嘴、风马牛不相及的感觉，但因20世纪初在开女学反封建的社会环境下，这类题材既符合时代需求，又迎合消费者的心理，还能满足大众对美与时尚的追求，因此这类月份牌成了最畅销、最受欢迎、描绘最多的题材，故月份牌画也被称为"月份牌美人画"。

都会生活题材中多数通过时髦的女性形象，把现代生活的场景与观念投射在月份牌的画面中。以上海为代表的都会生活被人们向往和追求，当时新兴的都会生活形式（图1-26）和场景有打网球、游泳、打猎、骑马等户外运动（图1-27）；西式婚礼、打牌、宴会等娱乐家居生活（图1-28）。月份牌中将这些优越的西式休闲生活情景表现其中，不仅把国人对新生活的向往转变成可易获得的视觉消费，而且也是了解民国新兴都会生活的重要途径。这类题材在表现时，穿着时尚的摩登女性占据了画面的绝大部分画幅，其余商品广告等都处于次要位置，只占有画面极其有限的画幅。而且，很多情况下，画面中表现的情境与商品广告宣传本身不具有直接关联。例如，《大中华东南烟公司广告》（图1-29）画面主体为一手

图1-21　阴丹士林月份牌　图1-22　中国华成烟公　图1-23　先施公司月份牌（郑曼陀绘）
　　　　（陈云裳）　　　　　　　司月份牌（郑曼陀绘）

图1-24　五洲大药房月份牌（稚英　图1-25　英商绵华线轮总公　图1-26　三星牌蚊虫香月份牌
　　　　画室绘）　　　　　　　　　司月份牌（稚英画室绘）　　　（佚名，20世纪40年代）

图1-27　白玉霜香皂月份牌广告　图1-28　明星消遣图（金肇芳　图1-29　大中华东南烟公司广告
　　　　（佚名绘，20世纪30年代）　　　　绘，20世纪40年代）

拿镜子、一手抚头的时髦女性，身穿深 V 领西式吊带连衣裙，并露出一侧臂膀。整个画面中，除了花瓶旁边角落处的几盒香烟的描绘外，其余并无和大中华东南烟公司有关的元素。显然，占据画幅绝大位置的女子和香烟本身并没有多大关系。这种看似毫不相干的设计，把人们的物欲直接转化为可视可触的实物。对于消费者来说，月份牌中的时尚美女形象很容易吸睛，并能勾起人们内心的欲望和想象；而以西方生活场景为月份牌背景的设计，无疑也迎合了消费者渴望时尚与现代生活的心理需求。

第三节
月份牌的构成与形式结构

　　一般而言，月份牌多印制在一张日报大小，120～200磅❶的纸上，上下加有便于悬挂的铜条边。在月份牌画面的形式组合中，往往图像居中，画面四周印有商号名称等广告字、商品图样与商标，以及边框装饰和年历等。从月份牌的演变上看，早期月份牌及成熟时期的月份牌，在以上各方面的表现也是有明显变化的。

　　图像即烘托商品的绘画。早期有传统人物形象、山水画等，从1876年《华英月份牌》广告、1896年《沪景开采图•中西月份牌》中看，早期图像绘画在月份牌中占的比例很有限，并不是月份牌中最主要的表现内容。但到20世纪20～30年代，月份牌逐渐成型，有了自己的风格特征，而传统的历史典故、戏曲传说、吉庆图案等题材日趋萎缩，月份牌转而以摩登的时尚女性为图像表现的主要内容，且人物图像占据了画面中的绝大部分空间。此时月份牌在设

---

❶ 1磅=453.59克。

图1-30 上海棕榄公司（美术字体）

图1-32 张裕酿酒公司（美术字体）

图1-33 启东烟草股份有限公司（美术字体）

图1-31 雅霜化妆
品（美术字体）

图1-34 日本麦酒
（美术字体）

计上，图像画面逐渐变大，并变为以女性人物为主。这说明民国时期人们对美丽形象及新生活的追求和向往，也说明在商品广告中视觉图像更易被传达和接纳。

广告字在月份牌中起到的作用主要是清晰地传达月份牌画的目的，并对画面具有一定的装饰性。一般来说，商号、商品名称以及商品的说明文字多用广告字表现。月份牌画中的广告性文字，即是早期的美术字。中国汉字的发展源远流长，文字风格丰富多样，有象形文字、金文、篆书、隶书、楷书、行书、草书等，每种书体又有各自的形式美感。而近代诞生的美术字却与以往各种字体截然不同。在月份牌上，商号和商品名称的设计往往倾向用稳重大方、醒目好识的字体表现。例如，永泰和烟草股份有限公司采用了端庄的楷体；上海棕榄公司广告将中英文字相结合（图1-30），体现了当时人们的崇洋心理；雅霜化妆品广告是规整的印章式（图1-31）；张裕酿酒公司广告将多种传统毛笔书法字体相结合（图1-32）；启东烟草股份有限公司广告用立体字表现（图1-33）；日本麦酒广告直接采用外文（图1-34）……总之，月份牌上的商品名称设计呈现了多元的文字风格。

图1-35 英美烟公司的商标　　　　　图1-36 德孚洋行阴丹士林布商标

商标是商品的标志。在月份牌中商标通常被设计为醒目的文字、图形或者标记，一旦使用便不会轻易更改，以使消费者对商品品牌形成深刻的认识。而在民国初期，商品商标并不是很普遍，只有传统老字号和新兴大商号的产品才有。例如，驻华英美烟公司的商标为一只蝙蝠形象（图1-35），这个商标图像既体现了民间"蝠"与"福"同音的吉祥寓意，同时英文 BAT，又是该公司英文 British American Tobacco 的首字母缩写，构思极为巧妙。再如，德孚洋行阴丹士林布将"晴天与雨天"（图1-36）的图案设计为商标，突出阴丹士林布在任何天气中都适用的销售理念。这些商品商标的设计，不仅要构思巧妙，还要符合商品的广告需求。

图1-37 广生行有限公司月份牌（佚名绘，1921年）

商品图像用来直接传达商品信息，故其才是月份牌的真正主角。但往往为了不干涉月份牌的画面整体效果，而被设计在月份牌的边缘处（图1-37、图1-38）。尽管一般商品图像占据画面的空间并不大，但由于细腻而翔实的刻画，再加上人们天天看月份牌，商品图像被硬植到人的视觉中，日积月累也就将商品烙印在心目中了，最终月份牌的宣传目的便达到了。

边框在月份牌中发挥的作用是起强调性效果，使月份牌要表达的内容更加突出醒目，具有衬托、强化中央画面

图1-38 地球牌万人油月份牌（佚名绘，20世纪40年代）

的作用，犹如绿叶衬红花。常见的月份牌广告的边框多设计为长方形，也有少数椭圆形（图1-39）、异形。边框内里的图案设计极为考究，创意也极为丰富，有花草图案，如永泰和烟草股份有限公司广告；抽象几何图案，如德孚洋行阴丹士林布广告；花鸟图案与几何图案结合，如启东烟草股份有限公司广告；文字图案，如安安色布广告（图1-40）；还有在边框中将商品或厂商行号、年历等融合，如林文烟花露水广告（图1-41）边框以花卉图案为底纹，上为"林文烟"三个红色醒目大字，突出商品信息，两侧为两对不同造型的花露水商品图案，下为中西年历，在边框中整合了多种商品信息。显然，边框还具有统合的作用，将商品、商号、商标，年历等适当集合表现，以达到广告和实用效果。

背景在月份牌画中的作用是烘托主题画面，因此也被细心描绘。常见的背景表现有：传统题材往往配搭中式亭台楼阁（图1-42），古意弥漫；现代题材的月份牌画则用风景名胜或花圃湖畔或西式摩登家居生活作为背景（图1-43），有沙发、水晶灯、钟表等现代家居用品，也有游泳池、跑马场、公园等公共环境。如此丰富的背景

图1-39 英美烟公司广告边框

图1-40 安安色布广告边框

图1-41 林文烟花露水广告边框

图1-42 启东烟草股份有限 图1-43 家庭课子图(金启芳绘，20世纪40年代)
公司广告（稚英画室绘）

表现，不仅展现出画家的巧妙构思，也透露出当时人们思想与生活空间的扩大和改变。

年历是月份牌画中最实用的部分。商家将年历设计在月份牌上，赠送给顾客，让人们可以长期悬挂使用，以达到广告宣传的目的。月份牌中的年历设计是承袭了木版年画传统而来的，也是月份牌画得名的主要原因。年历一般被设计在月份牌的下方和两侧，也有少数印制在月份牌背面。在月份牌画中，年历的设计主要有三种形式：一是以阴历为主的中西对照历，如美孚行广告民国二年中西对照年历（图1-44）；二是以阳历为主的中西对照历，如美孚

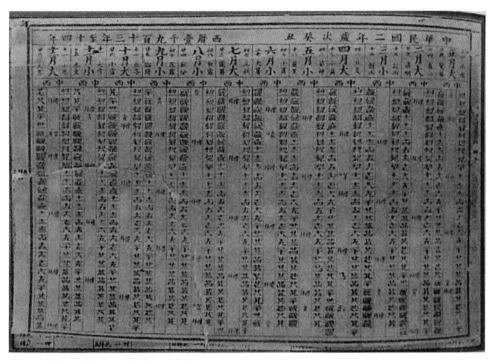

图1-44 美孚行广告民国二年中西对照年历

行广告民国十二年中西对照年历（图1-45），且二者多数保留了传统的二十四节气；三是以西式年历和阿拉伯数字设计的西式年历，如英美烟公司广告民国十九年西式年历（图1-46）。

从月份牌的发展演变来看，早期的月份牌画在形式结构中占主要位置的是最实用的部分——年历，再配以文字说明，而图像并不是月份牌的主体，一般表现的是古典人物及传统民间故事。而到了辛亥革命前后，月份牌的形式组合发生了明显变化，尤其是在 20 世纪 20~30 年代，月份牌的发展到了成熟期，形成了新的艺术风格。此时，图像绘画转而成为月份牌画所要表现的主要内容，常常在月份牌中心位置描绘一些现代时髦女性形象，大约占据 4/5

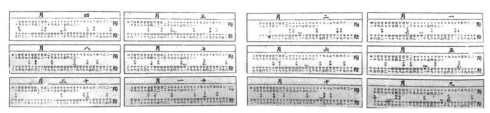

图1-45 美孚行广告民国十二年中西对照年历

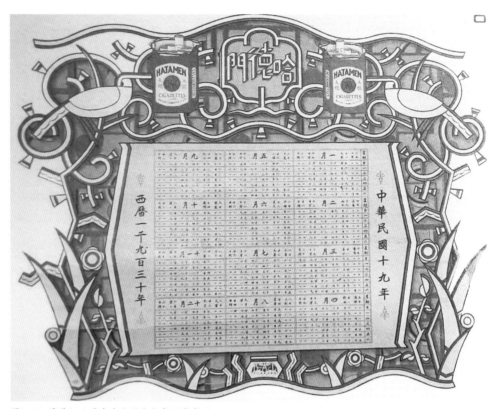

图1-46 英美烟公司广告民国十九年西式年历

画面。商标与商品名称也被精心设计在月份牌画面中。而年历表则被设计在次要位置，一般在月份牌的边缘处表现（表1-1）。月份牌形式结构的变化，说明新的社会风尚和文化观念，使人们的生活习尚、思维方式、价值观、审美意识都发生了改变。

表 1-1 月份牌的形式结构演变分析

阶段	年历	主题	人物造型	情景
早期	居于画面中心	传统题材	人物不多，以传统形象为主	古代生活场景，四周印有花样
中期（辛亥革命前后）	居于画面边框上或下方	传统题材	多见古代女性形象	古代生活环境
成熟期（20世纪20~30年代）	居于画面边框上或下方或被替代	现代题材	以时尚女性形象为主	现代生活场景+商品名称+商标+商品图像
衰落期（20世纪30年代后期至今）	20世纪40年代开始出现粗制滥造的现象，甚至出现了色情内容的月份牌；新中国成立初期，月份牌被改造成新年历；改革开放后至今，月份牌作为艺术品被大众喜爱			

第四节
月份牌画的创作

　　月份牌画是一种融合了年历、商品广告和擦笔水彩画的印刷品，它流行于中西方文化碰撞的民国时期。由于此时政治、经济、文化及生活方式都发生了颠覆性的变化，导致月份牌也受到多种艺术形式的影响，传统木版年画、西方绘画、国画、摄影以及印刷技术都在月份牌画的发展中发挥了一定的作用。在创作中，月份牌画尝试将本土文化与外来文化相结合，糅合了石印与胶印技术、西方水彩画法与传统炭精擦笔法，将中西绘画的形式内容和技术方法相互结合，并推陈出新，创造出一种新的文化现象和艺术表现形式。

一、画面风格

　　早期月份牌画传承了传统木版年画的风格，在画面表现上以古装仕女、历史故事等内容为主。但在画面布局上，却与传统年画不同，传统年画以表现画为主，四周很少有其他设计；而月份牌画因受西方装饰艺术影响，画面四周常配以精心绘制的年历、边框及广告字等。20世纪20~30

年代以后，月份牌画打破了木版年画的局限，在画面表现上呈现出多元风格：有的保留了传统的国画风格，有的则是西方流行的装饰艺术风格，也有的是将身穿时尚服装的摩登人士置于古典环境或背景之中的传统与现代混搭的风格；画面中的人物形象不仅有瘦弱纤美的古典女子，也有性感时尚的新女性形象；画面场景有的是亭台楼阁等古典建筑，有的则是舞厅、公园等时髦的娱乐场所。而且，成熟时期的月份牌在画面表现上还融合了很多西方艺术语言，并吸纳了很多西方图像作为自身的绘画元素。图1-47中，身穿传统上衣下裤的女子，背后却是西洋梳妆台。类似的中西元素交错在同一画面的设计手法，在月份牌画中普遍存在。图1-48中，漏窗背景后为传统木结构长廊，前景为衣着改良旗袍的时髦女子坐在传统木椅上，但头上戴的贝雷帽，手上拿的曼陀铃以及流行的波浪短发都是西式的。虽然图1-49月份牌画面中的人物与衬景全然都是中式风格，但是在边框设计和字体设计上却借鉴了西方现代装饰艺术。显然，月份牌在创作手法、表现内容、艺术风格等方面，都具有明显的亦中亦西的风格特征，这也折射出本土文化与外来文化由碰撞到渗透、融合的渐进过程。

图1-47 晚妆图（郑曼陀绘，1914年）　图1-48 抚琴图（杭稚英绘，1930年代）　图1-49 传统仕女月份牌广告

二、材料与印刷

从材质上看，月份牌画并没采用绢、宣纸等传统国画材料，而是用比较结实的图画纸。绘制好的设计稿被印制在一张 120 ~ 200 磅、日报大小规格的纸上。纸的上下两边配有金色铜条边，以增加画的重量，便于长时间悬挂，而且有助于突显商家实力雄厚的气势。这种设计具有浓厚的商业目的，与传统绘画上下加轴的装裱作用已不一样。

从印刷技术看，彩色石印和胶印的设备及印刷技术的引入，使月份牌画在印制方法上突破了木版印刷的局限，通过借助这种精良的印刷技术，不仅可以最大程度地保持画稿原貌，而且可以大量印行，使月份牌画迅速流传于各地。鸦片战争后，德国人阿罗斯·塞尼菲尔德（Alois Senefelder）于 1796 年发明的石版印刷技术传入中国。由于石版印刷比传统的手绘和木版印刷便宜，成品也精致美观，为中国年画带来不小的震撼，并渐渐改用石印方式印刷。1905 年，彩色石印月份牌开始大量生产，逐渐取代了传统年画市场。而后，胶版印刷在 20 世纪初也传入国内，胶版印刷能将精致的图文印制得更为清楚，具有高度的还原性，能使原作的失真度降到最低。从效果上看，彩色石印和胶印比传统木版印刷更为精致、讲究，不但颜色明快，画面细腻，而成本较低，产量更大，便于月份牌快速流行 。❶

三、笔法

从月份牌的产生到风行，其间既受到传统年画的影响，又承袭了传统绘画艺术的精髓，并融合了西方绘画的特殊技艺，遂独具特色。其笔法上，融会国画与西画技艺，将西洋水彩画与传统炭精擦笔画法相结合，自成一派，创造出一种独特的绘画表现方法，即擦笔淡彩画。

---

❶李振球. 复制是年画形式之母——论中国年画的形式发展 [J]. 美术研究,1998(1):3-5.

从表现手法上看，月份牌画中运用了传统炭精擦笔画法并将其发扬。而在创作时融入淡彩晕染的技法，最早是从民初画家郑曼陀开始的。而后通过很多画家的模仿、改善，使擦笔淡彩画法逐步完备成熟。擦笔淡彩画法的特色在于明暗立体感十足、色彩柔和、肌理细腻。其画法为：先用没开锋的羊毫笔，蘸上炭精粉，然后在纸上皴擦出图像，形成黑白素描底稿，并有浓淡阴影效果，再在画面上，使用水彩，层层反复，多次晕染，最终呈现出极为细腻的写实效果。擦笔淡彩画法可以使画面的色彩达到透明而柔和的效果，能够形象逼真地表现人物肌肤的质感。而且，擦笔淡彩画法具有明暗立体感，比木版年画单线平涂的手法显得丰满协调，因而此画法尤其适于表现人物。再利用先进的石版彩印或胶技术将画面的原貌最大化呈现出来。

图1-50 哈德门香烟月份牌（杭穉英绘，20世纪30年代）

从现存的月份牌画看，一幅月份牌的创作并非全然使用擦笔水彩画法。"擦笔画法的掌握是比较困难的，需要深厚的笔法功底，更需要耐心沉静。擦笔太轻，则轮廓、结构、立体感、质感等表现不足；擦笔痕迹太重，则无法显出匀净、柔和、滋润的质感。因此，往往在人物刻画，尤其是脸部表现时，多以擦笔法完成。而背景通常是在国画的基础上用水彩画的方式表达，显得挥洒自如。"❶

擦笔水彩画法是应月份牌画的需要而产生出来的一种独特画法。它的发明说明在中西、古今、新旧交替的特殊时代，月份牌画家为求新、求变所做出的尝试和努力。其中，既有创新，如打破了民间传统年画中只表现人物全身像的模式，创作出半身像美女图，具有放大特写的效果（图1-50）；又有探索，西方的绘画技法对于本土画家来说，在明暗、立体、色彩等表现中受到挑战，而当时的月份牌画家大多没有受过正规的学院派教育，或是学徒出身，或是自学成才，他们没有经过素描训练，也没有解

---

❶ 王树良, 张玉花. 20 世纪前期中国设计与绘画的融通 [J]. 民族艺术研究 ,2013,26(2):112-115.

剖学的知识基础，对西方绘画的透视理论和表现技法也懵懵懂懂，因而常出现一些显而易见的问题。例如，图1-51中光线来源与画面的投影方向明显不同，从门拱的阴影方向来看，光源应从人物背后打来。而家居的阴影和人物的阴影方向却显示光源在画面的右侧。对于光源和阴影的处理比较混乱。图1-52、图1-53中人物身长比例被明显拉长。前者中的女性下半身处理模糊、肢体似乎变形扭曲，却不影响画面的整体效果。后者中的女性身体比例明显与"立七坐五盘三半"的比例关系不符，下半身被拉长，以营造纤细的美感和高挑的视觉效果。尽管人物上下不成比例，却给人留下深刻的印象，具有很好的服装展示效果。且与现代时装效果图的比例关系类似，一定程度上可以被看成"民国时期的服装效果图"。这些不合理，不规范的细节说明了当时月份牌画家勇于尝试、勇于探索、勇于接受西方文化的先驱者精神。

图1-51 林文烟花露香水（谢之光绘，1927年）　图1-52 庆祝圣诞图（穉英画室绘）　图1-53 司各特乳白鲸鱼肝油月份牌（穉英画室绘）

四、流水协作

随着消费市场的扩大和市场日益健全，高消费生活和宽松的思想氛围，使画家们开始正视商业利益，为了更能满足商品和大众的需求，月份牌画不再囿于传统画家抒怀情愫的艺术创作，而产生了新的协同流水创作模式，如穉英画室。1920 年，杭穉英谢绝了商务印书馆的职务，1923 年在虹口鼎元里自立门户，成立了"穉英画室"，并先后招揽金雪尘（上海嘉定人，1904 ~ 1996）和李慕白（浙江海宁人，1913 ~ 1991）成为画室成员，组成分工合作的金三角。穉英画室形成了一套分工合作、流水作业的艺术创作模式。早先杭穉英画人物，金雪尘配景，后李慕白加入画室，由李代替杭画人物，杭穉英负责创意和最后修缮，创作作品一般署名为穉英或穉英画室。当时即使是最盛产的画家一年也只能画出 20 幅月份牌，而穉英画室却凭着分工合作的方式，每年可以生产出 80 幅月份牌画，提升了效率，也提高了月份牌画的质量。这种以市场导向和顾客需求而生成的流水创作的方式，使穉英画室的作品在整个月份牌市场上占有绝对优势。

第五节
月份牌与商业文化

　　月份牌与生俱来就具有浓厚的商业性。清末民初，通商口岸城市相继开埠，商品经济发展迅速，进出口贸易空前发达，外商们也相继在国内投资，纺织业、食品业、造船业、化学工业和日用工业等无所不及。为了使舶来品在国内市场打开销路，让更多人了解他们的商品，外商们开始了广告攻势。最初是将西方的风景画、肖像画印制成广告画片，随商品免费送给顾客。而在对西方文化还比较排斥和陌生的情况下，"洋广告画上的外国洋装美女，个个画着细长的眉毛，抹着灰兰的眼圈，搽着鲜亮的口红，高鼻凹目，袒胸露臂，中国的老百姓看了，真如见了《西游记》中的白骨精一般扎眼，哪肯接受？"[1]洋商们又转而尝试将中国历代名画印成广告画片进行商品推销，但由于这种古画对于普通人来说格调过于高大上，接受度并不理想，商品广告推销的目的仍旧没有实现。而后洋商们发现民间有贴年画的风俗，并加以发扬利用，用石版彩印出上面有

---

❶李新华 . 月份牌年画兴衰谈 [J]. 民俗研究 ,1999(1):3-5.

商品的广告、中西日历的年画，月份牌便由此诞生。经验证，月份牌画的商品宣传效果很好，于是外商以及很多大商号也开始广泛印制月份牌了。例如，英美烟公司在商品销售上采用买办制和月份牌画进行商品广告宣传两种手段，他们雇佣大量推销员在城市、庙会或是农村集市上推销产品，而随商品免费赠出的月份牌画使得"许多的乡村中不知道'孙中山'是何许人，但很少的地方不知道'大英牌'香烟"❶。而自 20 世纪二三十年代，月份牌继承木版年画的传统审美观，运用擦笔画法表现的新时代女性形象，既典雅，又时尚；月份牌中的女性形象既不是传统仕女形象的翻版，也不是对西方图像的简单复制，而是结合西方审美观对尚未开化的大众消费者传统审美习惯的妥协。在月份牌的传播中，商业世俗文化更易于被接受，因而月份牌的取材往往是更能迎合大众欣赏口味的市民生活，如跑马、网球、高尔夫运动等。所以，作为商业的物化图像，月份牌具有商品广告载体的作用，与市场、大众消费紧密联系。而作为大众艺术，月份牌是经过商业过滤，符合市场需求的实用艺术，它既融合了中西文化的世俗审美趣味，体现了大众审美趣味的商业世俗化和崇洋化；同时，它又成功地以商业利益实现了自身的艺术价值，并将大众艺术与精英艺术、商品与艺术模糊化。所以，月份牌画不但促进了市民的消费欲望，还成功地将商品推销出去，也使新的消费观念逐渐渗透，并潜移默化地改变了大众的价值观与审美趣味。

大部分月份牌中的人物和商品并无直接联系，多是将产品置于画面上下方、两侧边或画面的一隅，如 1911 ~ 1912 年，周慕桥为英美烟公司绘制的月份牌，除了画幅下方的商品外，画面的三个角落又各有一商品，但与画作内容毫无关系（图 1-54）。也有绘制者将人物和商品结合，使人物与商品产生直接的联系，目的是使观者能够在注意

---

❶周宪 .20 世纪西方美学 [M]. 南京：南京大学出版社 ,1997:58–59.

画中人物时，一并看见商品。例如，1931年谢之光为回春堂所绘制的健胃固肠丸月份牌（图1-55），也是采取这种"硬销"方式，不但商品形象出现在画幅左下角，主画面中的桌子上亦摆放相同商品的另一种包装，并在商品旁再加上一本写有商品名称的书面数据，最重要的是画面人物的手中，也拿着一包"健胃固肠丸"，无论观者视线落在画面何处，一定会看见回春堂的健胃固肠丸，整幅作品就像在宣告该公司的产品无所不在。由此可见这些月份牌设计者的巧思，这也是一种创新的营销手法。

图1-54 英美烟公司月份牌(周慕桥绘，1911~1912年)　　图1-55 回春堂健胃固肠丸月份牌(谢之光绘，1931年)

　　月份牌能够吸引人，很重要的一点是画题要能触动人心，运用移情的作用，往往能够让人产生向往之心，进而引起共鸣，这样就可以达到引人注意的目的。例如，德孚洋行在阴丹士林色布的宣传上，即运用这种心理暗示的宣传手法。德孚洋行将阴丹士林色布塑造成"文雅而节俭的女学生"所选用的产品，锁定特别的消费族群，让人一提到女学生就联想到阴丹士林色布；其后为扩大消费群，将

"快乐的女性"纳入招揽范围，由于每一个人都渴望快乐，为了说明快乐来自穿着阴丹士林色布所缝制的衣服，因而有了这张《快乐小姐》月份牌（图 1-56），其两侧文案则写着："她何以充满了愉快（右）？因为她所穿的阴丹士林色布是：一、颜色最为鲜艳；二、炎日曝晒不退色；三、经久皂洗不退色；四、颜色永不消灭不致枉费金钱（左）。"洋洋洒洒写了四点好处，其实重点就是该产品颜色鲜艳不褪色。但是这张月份牌的设计者显然将焦点放在"快乐"两字，画中气质高雅的女性展露快乐的笑容，标题写明她是"快乐小姐"。如果要快乐，就要和她一样选择阴丹士林色布。

图1-56 快乐小姐（阴丹士林布月份牌）

另外，如果宣传的商品产生关联的人物是名人的话，对群众的号召力则更加强大，如聘请电影明星为自己的商品代言，并在广告中加上其亲笔签名，以增加可信度。阴丹士林色布就曾请出陈云裳及李丽华作为其产品的模特儿，并在月份牌中印上她们的亲笔签名及数句推荐的话（图1-57）。陈云裳写道："用阴丹士林色布裁制各种服装可以增加美丽。"而李丽华则写道："阴丹士林色布是我最喜欢用的衣料。"这些广告文字，不知风靡多少女性，因为阴丹士林色布就是以其商品实穿耐磨为傲，塑造成最适宜端庄、知性的女性选购的面料，使得女学生、女教员成为其广大消费群体，加上形象良好的电影明星的现身推荐，不禁令人觉得该公司的产品几乎是完美无瑕的。这种请知名人士做广告宣传的方式，历久不衰，至今仍是商品营销常使用的方式之一。香烟公司选择年轻时髦的女性作为其月份牌广告画的主题，也是基于相同的理由。

月份牌中还有一类描绘各式各样新潮活动的作品，如骑脚踏车、马术、打网球、跳舞、游泳、阅读外文书等，这类月份牌除了忠实记录时代变迁所带来的流行外，而且作品如雨后春笋般涌现，也反映出大众对其喜爱的程度。不论是景色宜人的庭园苑囿，还是充满衣香鬓影的社交场合；不管是体育活动，还是静坐于花园一角读书，新时代的女性皆能来去自如。在时代女性的形象与自家商品中找到一个连结点，才是商家意欲宣扬的理念，而这个连结点就是大众心中的向往，唯有如此，移情作用才能发挥效果。

另外在月份牌中，还可以看见另一种营销方式，类似现在集点数或卡片以换取赠品的模式。例如，天聚福烟公司月份牌（图1-58），其画幅两侧文字正说明了这种营销方式的确存在："诸君注意小包内附有小画片（右）均能换彩较比他烟物美价廉（左）。"其中的"小画片"指的应该是香烟牌子，是一种附在香烟包装中的硬纸片，一般正面为人物、故事、景物等画面，背面为空白或印有商号及商品名称，一样具有广告目的。而文中所说的"换彩"，应该是兑换彩券一类的赠品，这就像买烟送月份牌一样，让消费者为了赠品而购买商家的产品。事实证明，这是一种有效的营销方式，至少从1896年鸿福来吕宋大票行所赠发的《沪景开彩·中西月份牌》开始，到1930年代石青

图1-57　影星陈云裳图（阴丹士林月份牌，稚英画室）

图1-58 天聚福烟公司月份牌

所绘的《电影皇后》月份牌，甚至是今日，都可看见这种"馈赠广告" ❶。

只要通过购买商品，就可以免费获得该商品的月份牌画，既经济，又美观，还实用。所以，当时很多家庭都曾把月份牌画张贴于屋内，不仅可以用来记日期，还可以装饰美化室内环境，尤其是时尚美女月份牌更让人赏心悦目。在 20 世纪上半叶，月份牌广泛流行于中国，不仅在大城市流行，也深入农村地区。作为商品广告，月份牌画无疑很好地发挥了它的宣传作用。同时，在传播的过程中，附带着也将新时代的装饰风格、审美趣味、时尚文化等潜移默化地渗入人们的日常生活中。显而易见，月份牌不仅发挥了它的广告价值，还传播了时尚文化，是民国时期典型的大众文化产品。

❶赵琛 . 中国近代广告文化 [M]. 长春 : 吉林科学技术出版社 ,2001:230.

Chapter 02
第二章　月份牌画中的服饰图像

　　作为 20 世纪二三十年代时代变迁的镜像，月份牌画形象地记录了上海、天津等城市社会生活习惯的现代化变迁，其中涵盖了衣、食、住、行方方面面的改变，为今天了解民国服饰发展，提供了丰富的图像资料。从现存月份牌的图像整理情况来看，月份牌中丰富的女性题材，是把握民国女性服饰艺术，极为珍贵的史料。月份牌画家将民国女性的服装、妆容、发型等多方面的转变，在月份牌中记录了下来，构建了文化转折期的新女性形象，并折射出国人审美观念和价值取向的变迁及东西方文化的碰撞与交融生发出的多元文化内涵。除时尚女性题材外，"母子图"也是月份牌中常见的主题。在"母子图"题材的月份牌中，儿童虽然是依附于母亲出现的，但数量可观。从这些儿童形象中，也可以捕捉民国儿童服饰的概貌。而男性形象在月份牌里是纯粹的配角和背景担当，因而描绘的并不多，但表现的服装款式却比一味西化的童装更为全面，西式的西服套装、中式的长袍马褂及中西混搭的男装，尽现于月份牌中。

第一节
月份牌画中的男装

　　作为 20 世纪上半叶极为特殊的一种商业绘画形式，月份牌除了具有宣传商品的实用功能外，也是了解民国时期人们物质文化生活、审美取向、思维意识和价值理念等的重要研究资料。从已知月份牌来看，在为数不多的涉及男性形象的月份牌里，男性的衣着风格已是百花齐放。随着"西风渐进"，上海等沿海开埠城市日益开化，服装上的表现是西式服装的流行，市民阶层及前卫人士逐渐改穿西装，而中式长袍马褂则被作为保守派的标志。在民国短短的几十年中，男性服装在形制、使用规范以及审美风格上产生了巨大的变化，并形成了独具自身特色的服饰文化现象。尽管月份牌中的男性图像不多，却能通过其中男性图像信息，来捕捉民国男性服装的线索，西式服装、中式长袍马褂、中西混搭男装尽显其中，基本可以窥见民国男装风貌。

一、传统中式男装

　　民国（1912 ～ 1949 年）是中国服饰历史中最为重要

的变革期。旧的政权落幕及民国政府的新政与西风东渐，并没有使传统服饰轻而易举地退出历史的舞台，传统中式男装在民国仍旧被很大程度地传承下来，大致保留了清代男装的基本款式，并呈现出简洁和稳定的特征。但传统"衣冠王国"的文化根基被颠覆，其人文内涵与美学精神的本质已不复存在，民国时期的中式男装可谓"形存神亡"。

民国时期的传统中式男装大致可分五类，分别为：袍、褂、裤子、坎肩和袄。据多方面资料显示，传统的宽博服装已不能满足民国人们日常生活与工作的需要，所以传统中式男装在形制和轮廓上发生了明显的变化，无论长袍还是马褂都趋于收敛，中式男装整体上呈现出紧窄、简洁的风格，以便于身体活动和适应新的生活需要。从衣着常态看，穿中式男装的男性在民国并不占少数，如官员、文化人士、商人以及基层平民等，改良的中式男装仍旧是男性日常的主要款式。因而，月份牌上不免有对传统男装的描绘，从已知月份牌对传统男装的表现看，主要是长袍或长袍马褂搭配。

长袍在民国具有更广泛的使用空间，不仅商人、官员可穿，普通百姓也可穿，是民国男性的必备服装。从样式上看，民国长袍与清代的大相径庭，款式单纯，风格简化并稳定。基本样式为宽体直身的廓型，立领，窄袖，有找袖或无找袖，大襟，收腰或无收腰，下长过膝，稍短于清代，衣身左右下端各开一衩❶，平面直线剪裁，前后片有破缝。其面料十分丰富，以暗花或全素为主，有土布、丝、绸、麻、棉、毛、呢、法兰绒等多种，而以阴丹士林布最为流行。图2-1为阴丹士林布的月份牌宣传画，其中男性穿的即为当时流行的阴丹士林蓝色长袍。在颜色上，以沉稳的颜色较为常见，如月白、黑色、灰色、藏青色、青色、紫色、褐色、深蓝色等。制作上，由于受布料幅宽的限制而采用中缝结构；衣袖制作"宁长勿短"，以便随温度任意

图2-1 捉迷藏图

❶包铭新. 近代中国男装实录 [M]. 上海：东华大学出版社,2008:13.

挽放，提高了长袍的实用性；袖子长度一般比手腕长，通常在手臂中部接袖，可以覆盖手掌，产生"找袖"和"无袖"两种款式。长袍上常设六枚纽扣，领口、大襟及腋下各一，腋下至开衩三枚，有贴袋，领后有挂衣襻。民国男装虽也有胖瘦之分，但一般比较合体，长宽比例较接近现代标准。

在民国的男装时尚中，长袍由于实用性强，适于穿着，既可充当礼服，又是日常生活中所不可或缺的服饰之一 ❶，从而被很多男性偏爱，且经常与马褂搭配。如图 2-2 所示，端坐的男子内穿长袍，上身外穿深蓝色对襟马褂。马褂是满族的一种上衣，因方便骑马穿着而得名，常与长袍搭配。清代马褂样式多，有长褂和短褂之分。长褂中又分行褂与补褂，短褂按样式不同又可分有对襟、大襟、琵琶襟、一字襟等。至民国，马褂在款型上趋于单纯，以全素的深色系居多，以对襟马褂为流行。在民国政府颁布的服饰条例中，将长袍与马褂一并列为男性标准礼服，因而马褂也是一种适于正式场合的服装，具有一定的礼仪性，同时也是男性日常装的主要款式之一。

图2-2 月份牌中穿长袍马褂的男子

中式的长袍马褂在西风盛行的流行趋势下，却有如此顽强的生命力，究其原因大致有三：一、长袍马褂更富有传统文化内涵。长袍马褂等中式款式相对受西方的影响比较少，一定程度上保留了传统服装的基型，因而被保守男性所钟爱。二、改良后的长袍马褂相对便捷和舒适。与西式套装、中山装等西式立体裁剪的服装相比，长袍与马褂等中式服装给身体预留的活动空间更大，穿着起来更自在、舒适，尤其适合中年及老年人穿着。三、民国改元易服，民国政府依照历代传统，参照西方服装样式，先后于 1912 年、1929 年两次对服饰款式与使用做了相关规定。尤其在民国政府二次颁布的《民国服制条例》中，吸取上次服饰条例中盲目崇洋与不切国情的问题，恢复了传统中式服装款式，将长袍马褂规定为男性礼服，这也使得传统的长袍马褂得以保留和传播。

❶王东霞.从长袍马褂到西装革履 [M].成都：四川人民出版社，2003:24-28.

二、西式男装

月份牌中表现的另一类民国男装，即西式男装。随着
"西风渐进"，上海等沿海开埠城市日益开化，在服装上
的反映是西式服装的流行。国内普遍出现西式服装大致在
晚清时期。由于通商口岸的陆续开放，沿海城市出现了许
多穿西式服装的外商和买办。与此同时，学成归国的留学
生们也常做西装打扮。而后，西式服装逐渐成为身份象征，
并在有着新思想的青年人中广泛流行。到20世纪30~40
年代，西式服装已经普遍被大众接受，成为时尚潮流。而
作为流行风尚和大众文化的传播载体，月份牌中自然不能
缺少西式男装。从款式上看，月份牌上表现的西式服装主
要是西服套装和日式学生装两种。而由日式制服改良来的
中山装，或许是因为其自身浓郁的政治色彩，致使在以商
业性为目的的月份牌中，这款最有代表性的民国男装鲜有
刻画。

图2-3 啼笑因缘图

西服套装是西方男性的正式服装之一，由西服、背心
与西裤共同构成西装三件套。其中，上身的西服在细节上
有较多变化，尤其在20世纪三四十年代的西服中更加多
样化，主要体现在领、袋、纽扣数量等细微处。例如，有
单排扣与双排扣的西服；领型有平驳头、戗驳头与小驳头；
有素色无纹，也有格纹、条纹等装饰图案；面料有呢、哔叽、
法兰绒、凡力丁、派力司等；衣袖有翻折的袖克夫，并装
有两粒或三粒袖扣；或搭配领带、领结，或者直接将衬衫
领外翻不加领带或领结……内搭的背心样式相对稳定，多
为无袖，衣长及腰臀之间，背后用带襻或卡子调松紧。下
身的西裤采用立体剪裁，样式较西服和背心变化少，体现
在褶裥、口袋和裤脚上的细节上。在图2-3中，西服为单
排扣、戗驳头、素色，搭配领带，背心、西裤与西服同色
同质同料。而图2-4中，右二男性所穿西服为单排扣、平
驳头、素色，搭配领结，无背心搭配，西裤与西服为不同
色不同质料，属于更为休闲的风格。从此二图中西服套装
的整体廓型上看，并没有大的变化，款式与风格相对稳定。

图2-4 无锡懋伦绸缎庄广告

而细节处的不同，不仅说明西装越来越考究，也可以体现穿着者的审美品位。

图 2-5 左图中右边男性所穿服装，从领型与上半身服装廓型和颜色上分析，与当时流行的学生装，如图 2-6 所示，极有可能为同款。学生装最为明显的特征是对襟立领。这种服装的原型为日本的中学制服，而日式制服则是来自日本人按照普鲁士军装改制而成的海军服。伴随洋务运动期间派遣的大批留学生陆续学成归国，日式学生装也被引进，并又有所改动，形成中式学生装。其款式基型为日本制服，又融合西装的结构和元素，而改制成一款无背心的、简洁的西装。其主要特征为：衣长及胯，衣领为窄而低的直立领，对襟，单排五粒扣，装袖，有三个衣袋，分别设在前身左前胸（一个）、衣身下方（左右各有一个暗袋与袋盖）。穿着时不打领带，也不戴领结，一般搭配鸭舌帽或者白色帆布阔边帽。颜色以深色素色或白色为主，基本无图案装饰。与中式的长袍马褂相比，学生装更有活力，更具时尚性。不仅款式简洁，不束缚身体，而且穿着起来十分精神。因而学生装很快流行开来，被市民阶层以及学生、年轻人所喜爱，因而在月份牌中自然会表现这种流行款式。

图2-5 无锡懋伦绸缎庄广告（局部）

图2-6 民国学生装

三、中西混搭男装

月份牌画中还涉及了中西混搭的男装风格。从长袍马褂与西式礼帽被官方规定为民国男性正式常礼服开始，中西不悖、土洋混搭就成为民国男性服装中司空见惯的搭配形式。这不仅是民国特殊境遇下催生的产物，同时也蕴含了男性衣装务实顺势的智慧，即力求保留传统中式服装的款式，借鉴西式服装元素，以提升服装的实用性和功能性。从中西混搭的过程演变来看，民初时男性对于中西服装搭配属于胡乱穿、混穿的状态，而到20世纪20年代以后，中西混搭已形成一定的穿搭范式，成为民国男子的衣着潮流，并演变为男性服装中极具时代特色的搭配形式。

在搭配上虽然有一定的灵活性，但往往是受到格律规定的。因而，最为常见和得体的"亦中亦西"穿着样式为：将西式的西裤、皮鞋、礼帽等配饰与舒适的中式长衫相结合。这种搭配显然是在保留中式服装的风格上，在功能上的折中改良，而并非单纯的以装饰、美观为目的。既保留了传统服装的风韵，穿着起来又潇洒干练、美观时髦，又舒适实用。图2-5右图左一男性身穿浅色长袍，搭配西式眼睛。显然，中西混搭取中西服装之长，儒雅之中露精干，毫无违和感。除此以外，中西混搭也体现在服装结构和细节处理上，如中式男装的衣袋和门襟制作运用了西式的元素和结构。

中西混搭相对于纯粹的西装而言，更易被思想不那么开放，或受身份、地位、阶层限制而不能穿西装的男性所接受。因此，在20世纪20年代以后，中西混搭的配伍逐渐成为流行男装。

第二节
月份牌画中的女装

　　民国时期，风起云涌的政治运动、文化运动、思想解放运动和女权运动，促使女性衣着和审美发生巨大改变。与此同时，民国政府制定了一系列服饰条例，对女性服饰的革新起到了巨大的推进作用。例如，政府强制性命令推行易服制、剪辫、放足等。这些共同促使了女性服饰在民国时期的颠覆性转变，并逐渐形成了既留有传统文化内涵，又容纳西方审美及西式服装结构与工艺的独特风格。女性服饰的风采，在大量的女性题材月份牌画中，被展现得淋漓尽致。月份牌画中的女性装扮既表现了民国女性缤纷的服饰，也折射出服装结构与工艺的变化，更体现了西方思潮影响下女性摒弃了儒家所提倡的礼仪化、等级化的禁锢思想。月份牌广告中的服饰不仅反映了民国时期的时尚潮流，而且映射了民国时期审美趣味及生活方式的转变。出现在月份牌广告中的女性服装大致分为五种类型：上衣下裙、上衣下裤、新式旗袍、西式女装、中西混搭女装。

一、上衣下裙

　　上衣下裙在月份牌里是比较常见的女性着装。而这种上下两截的装束在中国古代已经有上千年的历史，只是每个朝代各有不同特色。例如，唐初流行短上衣搭配高腰长裙；明清时期则流行大襟右衽的宽肥袄裙，并一直延续到民国之前。而到民国时，在政府先后两次颁发的服制条例中，明确将女性礼服规范为传统的上衣下裳样式，即"女子礼服的上衣，衣长与膝齐，对襟，五纽，领高一寸五分，用暗扣，袖与手脉齐，口广六寸，后下端开衩。裙：前后不开，上端左右开，质色绣花与套同。便服上衣：长与膝齐，襟右扣，用五纽，领高一寸五分，用暗扣，袖与手脉齐。"[1]显然，服饰条例中不仅规定了上衣下裙的样式，在长短尺寸、服色面料等细节上也做了明确规定。

上衣下裙的款式，实则可以细分为多种，并且在细节之处又有着不断的变化。仅上衣就包含衫、袄、马甲。衫和袄的区别在于衣料的薄厚，衫为夏天穿，袄絮棉，为寒冷时穿；袄和马甲的区别在于衣袖，马甲无袖。民国时期上身的衫、袄、马甲，整体都呈现逐渐短小的趋势。这与民国风气渐开，女性解放运动及思潮的影响不无关系。民国时，女性开始作为独立个体投身社会，并参与和承担社会工作。而窄体的衣服更便于行动，逐渐流行，因而同期的上衣下裙也呈现出简洁、窄衣化的特点。"自1907年开始，女装上起着变化，衣着风格更趋于实用，线条收窄很多，而且比较挺直。"[2]如图2-7所示为1912～1915

| 1912年 | 1912~1913年 | 1914年 | 1915年 | 1915年 |

图2-7　1912~1915年女装上衣下裙款式

---

❶新服制草案图说[N].民立报（上海），1912-6-23.
❷David Bon. The Guinness Guide To 20th Century Fashion[M]. New York : Guinness Publishing Ltd., 1989: 19.

年女性上衣下裙的演变，显然上衣越来越短，越来越合体，下裙也越来越简洁，都朝向适用、窄体的方向发展。到 20 世纪 20 年代，上衣下裙仍旧延续了上短下长，上窄下阔的特征，并在细节和上下比例上呈现出新的特点："下面衣摆开小圆角，效果好坏参半，它的长处是能紧紧地裹住身子，将身体方面的曲线，很自然地显露；它的坏处，就是两边衣角只往上缩，不是将内衣露出来，便是将裙腰可以隐约看见。"● "裙子因为上衣短小的缘故，不得不逐渐放长，和上衣比较起来，裙子占三分之二，衣服占三分之一，而且因为上衣紧束的缘故，便将裙子造得宽松一点……增添不少美态。"● 此外，民初的上衣也有不少细节上的变化，尤其是衣领也变化出多种样式。民初时以高立领为特色（图 2-8），衣领高及颊，又被称"元宝领"或"马鞍领"。这种高领领型很硬，高达四五厘米甚至更高，高高的衣领盖住半边脸颊，"娇娆故作领头高，扣重重，但异样，香腮掩露樱桃"●。高立领的款式深受清末民初女性的欢迎，在月份牌画或是老照片里，无论是旗袍还是袄裙都带有高高的立领。在清末民初时，最为流行的下身的裙装是百褶裙和马面裙两种。二者裙身皆有褶裥，并以褶多为贵。而马面裙裙身前后又各有长方形绣品，故称"马面"（图 2-9）。图 2-10 中女子上身穿带有元宝领的上衣，下身搭配百褶裙，脚蹬西式皮鞋，服饰风格已与清代不同。

　　民国初年的女性服装通常仍旧采用上衣下裙式。由于受新文化运动和五四运动的影响，女性服装西化倾向明显，不仅涌现出各式各样的新潮服装，甚至对女性服饰的审美也与以往大相径庭，自然、简约、美观成为新的审美导向。另外，民国初年，随着大量留日学生陆续归国，日式女装也随之传入国内，并影响了传统的上衣下裙款式，一些女学生等新女性开始模仿日本女子穿紧窄上衣，搭配黑色长

图 2-8　英美烟公司月份牌（杨琴声绘，1915 年。女子衣着为民初时期的上衣下裙款式，衣领为高耸的元宝领，领高抵面颊）

图 2-9　协和贸易公司月份牌（周慕桥绘，1914 年）

图 2-10　华洋人寿保险公司月份牌（周柏生绘，1915 年）

---

❶镂冰女士.妇女装饰之变化(上)[N].民国日报(上海),1927-1-8.
❷白云.中国老旗袍[M].北京:光明日报出版社,2006:79.

裙，即"文明新装"出现（图2-11）。"文明新装"基本
造型为上身为收腰短袄，衣长不过臀，衣摆多为圆弧形，
略有边饰；衣袖较短，袖长大致在肘与腕的中间，袖口宽
度在55厘米，袖口倾斜向下，呈喇叭形，即露腕的喇叭
形袖口或"倒大袖""喇叭袖"；下身穿黑色长裙，长到
脚踝，而后逐渐缩短到小腿以上，偶作简单刺绣装饰。至
20世纪20年代末期，"文明新装"的款式更为丰富多彩，
如图2-12所示，并有浅蓝、水绿、粉红等不同颜色，且
牡丹、水母、李子、兰花、竹子、菊花等大型图案面料流
行。衣裙的剪裁也越来越简洁，裙子越来越短，甚至到了
小腿的上半部分，露出了小腿和脚。文明新装由女学生等
受过教育的知性女性率先穿着，而后因其简洁、大方、清
新、优雅的服饰特征，很快被都市女性所接受，成为1920

图2-11 身穿短袄长裙民国
女性照片

图2-12 英美烟公司广告画（胡伯
翔绘，1926年）

图2-13 1920~1927年女性上衣下裙的演变

年代主流的女性服装之一。虽然文明新装也是上衣下裙，但与清代女装的上衣下裙截然不同：清代上衣下裙较为宽大，包裹女性身体而不突出女性身体曲线；而文明新装采用质地柔软的绸、棉、麻面料，短袄长裙贴身穿，既轻快简洁，也开始注重凸显女性曲线美。如图2-13所示，20世纪20年代女性上衣下裙一直不断变化：在1925年及以前，衣裙追求短款样式，但在1925年以后，裙子却越变越长，上衣与长裙形成了鲜明的对比。同时上衣逐渐变得合身适体，摆脱了传统上衣下裙中直线、平板的造型，渐渐显露出女性的身体曲线。

二、上衣下裤

月份牌里另一类十分常见的传统女性服装是上衣下裤的搭配。

今天"衣裳"一词基本与"服装"一词同义。但是在中国古代，"衣裳"所指却可以拆解成两个独立的含义。一般而言，上身穿的统称为"衣"，而下身穿的则为"裳"。《释名·释衣服》中说："上曰衣，衣，依也，人所依以庇寒骨也；下曰裳，裳，障也，所以自障弊也。"下身穿的裳是男女遮蔽下体的主要服装，和后世的裙类似。同样，今天所说的"裤"，与古代"裤"的意思也有差异，尤其是在裤子的样式上也大相径庭，古代的"裤"主要有胫衣、裈、绔等不同类型。先秦时，裤子已经出现，那时的裤子叫胫衣。但只有两条裤管，只是包裹住小腿，没有裤裆，有点像后世的套裤或护腿。因此，穿胫衣时，一定要穿在里面，外面要加一条下裳，或者穿深衣。而且，往往要用外衣将胫衣盖住，因为在古人的观念里，将裤管外露被视为不恭不敬。到了汉代，裤子的形制日益丰富。除了有胫衣以外，还出现了开裆的穷绔，又称"绲裆裤"。穷绔要比胫衣完善得多，不仅将整个腿部完全包裹，而且将绔身接长，上连于腰部，并在两个裤腿之间，加了一块裆片，但裆不缝合，而用带系扎，以便解手。所以，穷绔仍旧只能内穿。在秦汉时期，西域胡人穿的合裆长裤，也被汉人穿着，这种长裤叫作"裈"。裈也是从胫衣发展而来，它比穷绔更加完备。裈的两腿之间不仅有裆片，裆还被连住，即所谓的满裆。刚开始，汉人将裈作为衬裤穿，外面仍穿裳。后来，逐渐外穿。但受传统习惯的影响，上层社会的人很少穿裈，多穿开裆的穷绔。只有农夫、仆役、兵卒才会单独穿裈，以便劳作。农夫、仆役还穿一种形制短小的裈，叫作"犊鼻裈"。因这种裤子款式和现代三角裤相似，短小，两边开口，形如牛鼻孔，而有犊鼻裈之称。依上所述，在古代衣着观念中，裤子素来难登大雅之堂。农家女子一到成年出阁或者正式场合皆需系裙。裙装起先是男女通用，后来为了便于劳作，男子渐渐穿起裤、裈，裙装就成为女性的服装，裙钗也成为古代女子的代称。直至清朝末年，才流行下身不束裙子，只着裤子的装扮，即上身着衫袄，下着裤，再加上一件较长的背心。吴昊在《都会云裳》中提到："女性将长裤着在外面，是清末粤式女装开风气之先。粤省村妇在田间工作，都穿着裤子以便于劳动。"❶粤式女服尚短，裤管宽大且长不掩膝，不仅与思想开化有关，也与当地炎热的气候有关。虽然这种短衣及腰，两侧露股的款式并不雅观，但穿着行动十分方便，所以到民初，由于西方思潮的影响，社会风气的开化，以及下身穿合裆裤的便捷，很多女性纷纷穿着。女裤外穿就成为民国女性服装中重要的

---

❶吴昊.都会云裳——细说中国妇女服饰与身体革命:1911-1935[M].香港:三联书店（香港）有限公司,2006:59.

款式之一。女裤在民国的流行还与女学生服装有一定关系。
当时出于体操课的需要，女学生开始穿着运动服。而后，
学生运动服被作为校服，有的女学生甚至还将运动服作为
便服穿上街，这在一定程度上也推动了女性着裤装的流行。
而且，由于裤装外穿不分阶层和等级，大受年轻女性青睐，
一时间短上衣搭配宽腿裤成为民初的流行女装。如图 2-14
所示，两位年轻女性皆穿倒大袖上衣，衣长及臀，下穿阔
腿裤，裤长至小腿，搭配白色袜，此为民国初期女性比较
常见的衣着打扮。

因而，上衣下裙与上衣下裤都是民初女性的时髦装束，
且风格与款式皆与清末样式有着明显的差别。民国女性穿
的裤装实则是一种宽腰的大裆裤，腰口封闭，裆无前后，
裤腰与裤异色，在裤腰上以布腰带系扎。从清末民国时期，
裤装外穿的造型演变来看，起初裤子比较紧身瘦小，裤管
很窄，而上衣却很长，几乎可以覆盖至膝盖，给人以直线
条的视觉印象。如图 2-15 所示，女性皆穿高立领紧袖长

 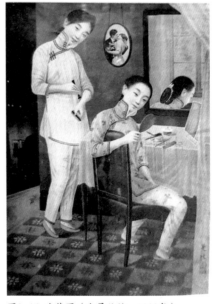

图2-14 民国女性照片（上衣下裤　图2-15 晚装图（郑曼陀绘，1920年）
搭配白袜，1922年拍摄）

上衣，下穿窄裤管长裤，裤长至脚踝。而自从裤装流行以来，款式和花样也逐渐多起来。而后，大致在1920年代中期，女性的衣着风格以宽松为尚，阔腿的七分裤也开始流行起来。"裤亦短不及膝，裤管之大，如下田农妇"❶。如图2-16所示，上衣下裤同色同料，上衣长度盖臀，比图2-15中稍短，衣袖却不及图2-15那样紧窄，开始放宽，而且衣领不再是高高抵住下颌的高立领；下身的裤子也发生了很大的变化，不仅变短，而且裤管也变得肥大宽松起来，穿着更为舒适、自在、便捷。尽管此时的裤装已经可以外穿了，却依然难登大雅之堂，裤子只能作为居家服装或者便服，在正式场合时仍旧不能穿着。

三、新式旗袍

传统中式女装在民国时期最为流行的款式，无疑当属新式改良旗袍。与清朝旗袍相较而言，此时的旗袍更加贴体、实用且美观，并衍生出各式不同的新颖样式，成为备受民国女性青睐的流行装。正因如此，新式旗袍同时成为月份牌画上表现最多的女性服装，几乎生活中的各式旗袍都能在月份牌上找到其缩影，在月份牌中出现的一些新颖样式，甚至引导了女性旗袍的流行风尚。从民国时期旗袍的发展和演变来看，传统中式女服的优雅细腻与西方服饰的舒适合体在旗袍上合二为一，并成为民国时期最为流行的女性服饰。旗袍款式的变化不仅是女性思想与身体解放的具体表现，也体现了民国时期女性审美意识的觉醒。新式旗袍没有任何界限，也无民族差别，满族女性可以穿、汉族女性也可以穿；没有等级差别，贵族女性可以穿，平民女性也可以穿，不受身份限制，只要买得起，任何人都可以穿。在新旧文化的交替中，新式旗袍将传统服装的精髓与西方服装先进的工艺相结合，形成独特的风格。

图2-16 梅边清影图(郑曼陀绘)

---

❶佚名.求幸福齐装饰谈[J].家庭,1922(7).

1.旗袍的款式演变

《辞海》对旗袍的定义是："旗袍，原为清朝满族妇女所穿用的一种服装，两边不开衩，袖长八寸至一尺，衣服边缘绣有彩绿。辛亥革命以后为汉族妇女所接受，并改良为：直领、右斜襟、紧腰身、衣长至膝下、两边开衩、袖口收小。"[❶]至民国，旗袍在款式上的更新，可谓是瞬息万变。从20世纪20年代初，新式改良旗袍在各阶层女性中逐渐普及开来，旗袍在细节处理上，不断发生变化，日日趋新。例如，袖口逐渐变窄，袖长不断变化，绲边逐渐简化，衣领样式丰富。到20世纪20年代末，由于受到西式女性服装的影响，旗袍的风格也发生了变化，如衣长变短，腰部开始合体等。在强调女性曲线的同时，改良的旗袍逐渐减少了传统的装饰边缘，使线条更加简洁流畅，摒弃了传统旗袍的烦琐复杂。同时，新式旗袍开始注重表现女性臀部和胸部曲线，注重修饰女性身材，使改良旗袍更易体现女性形体，凸显了女性形象的美，强化了"S"型的曲线感，这时期的旗袍，长度可将女性通体包裹，却不影响对女性体型的凸显。而旗袍开衩的设计"美而不淫"，解决了遮盖和袒露之间的矛盾。这种对女性曲线美的追求在中国传统服饰中很难找到，究其原因是崇洋的世俗追求。

新式旗袍从剪裁方法到结构更加西化，打破了旗袍无省的格局，采用了腰省和胸省，使衣身更为合体。从20世纪30年代开始，长可曳地的长旗袍开始受到女性的喜爱，甚至有的旗袍下摆可以扫地，而短点的旗袍衣摆也能达到小腿以下的长度。与此同时，旗袍的开衩却不断变高，甚至高达臀部左右，而后开衩又开始逐渐变得越来越低。大致到20世纪30年代，旗袍的长度达到最低，而开衩却达到最高处，直至胯下。显然，这些细节，使得旗袍变得更为性感。衣袖由20世纪20年代的倒大袖（图2-17、图2-18）变成紧窄缩短的款式，甚至还出现了夏季的无袖

图2-17 倒大袖旗袍

图2-18 花溪小立图（局部）
（郑曼陀绘，1920年代）

---

❶《辞海》编辑委员会.辞海[M].上海辞书出版社,1999:4196.

款旗袍（图2-19、图2-20）。袍身合体，下摆和袖口镶有花边。王伯敏也曾详细阐述了民国旗袍形制的转变："宽体宽袖日渐变短变窄，'大拉翅'的头饰消失了，高高的鞋跟也不见了，整个形体倾向于简化与精炼，由原先的'A'型向瘦身型发展。上衣领口和裤口较以前宽肥而腰身却收缩了；一种前高后低的'元宝式'领型流行起来。就形式上分析，上领口的放开，使得原先'A'式衣型封闭的顶端打开，再加上裤口的宽松与腰身的收缩，整个旗袍的衣式便呈现出一种'S'型的曲线感，并且短袍配裙或裤，上衣与下衣的衔接呈现出了一种松动与活泼的线条感，更加强化了这种曲线美感，从而表现出一种女性化的体型美。"❶从20世纪40年代起，无袖旗袍流行，同时衣长缩短，领子也降低，使得旗袍更加适体便捷（图2-21）。而低开衩的"扫地旗袍"，因不便于活动，并没有流行很久。

图2-19　宏兴药房月份牌（佚名绘，20世纪30年代。女子身穿扫地旗袍，衣长及地，衣襟样式新颖，两侧开衩）

图2-20　哈德门香烟月份牌（杭穉英绘，20世纪30年代）

❶王伯敏.中国美术通史:第7卷[M].济南:山东教育出版社,1988:123-124.

（a）1925~1929年   （c）1940~1949年

（b）1930~1939年

图2-21 旗袍的演变

2. 旗袍的细节变化——衣领

从民国时期旗袍的领型看，主要有无领和立领两种，结构是领口线与领座的吻合关系。民初旗袍的领型基本延续了清朝时期旗袍的领式，为无领圆领样式，并常搭配领巾，以保暖。领巾是穿着衬衣时，在脖颈上系一条叠起来宽约二寸、长约三尺的绸带，绸带从脖子后面向前围绕，右面的一段搭在胸前，左面的一端折入衣襟之内。❶而后，由于受到民初汉族女性上衣的影响，旗袍也如袄一样，出现了元宝领。从月份牌图像和民国老照片来看，旗袍的元宝领的高度不一，极有可能与女性身高或个人喜好有关。一般而言，旗袍领高3~4厘米，太高则会卡住颈部而不适。以元宝领为原型，又出现了一款改良的领型——凤仙领，即在前领口中间结合处，做了向下弯折的处理，使颈部活动更自如，而且也更加衬托脸型。自五四运动以后，一般女子，确实觉悟了不少，她们知道衣服加领，有妨碍颈的转动，高领更为不幸，所以那时他们的思想很激进，不论高低领，一概取消❷，仅有领口线被保留，此时的旗袍以及女袄衫在领部都如此处理。由于没有领座，无领的旗袍需

❶刘瑜.中国旗袍文化史[M].上海:上海人民美术出版社,2011:44.

❷少金.近代妇女的流行病[N].民国日报(广州),1920-5-5:12.

要"包边"或者"贴边"。包边即用缎面面料进行镶绲，而贴边则是用宽约 4 厘米的面料裁成领口形状，再与领口缝合。到 1921 年前后，有领的样式再次开始流行，并先后出现了"上海领""水滴领""连身立领"等多种领型（图 2-22）。

图2-22 民国旗袍衣领样式

3. 旗袍的细节变化——衣袖

旗袍的衣袖有连肩袖与外绱袖两种。传统旗袍是连肩袖，即肩与袖间无破缝，袖口又有宽松与紧窄两种样式。清朝时期，马蹄袖是最为常见的袖型。至清末民初，汉族女性的上衣衣袖出现宽松样式，旗袍也受到影响，衣袖开始宽松，并在袖口有多层镶边装饰，衍生出大挽袖、套花袖等不同样式。至民初，旗袍"袖子稍有收紧并略有缩短，至肘与腕之间。"[1]20 世纪 20 年代时，旗袍也开始流行"倒大袖"样式，即袖长及肘，衣袖由手臂向袖口逐渐变得宽大。整体而言，在 20 世纪 20 年代以前，旗袍衣袖的变化主要体现在袖口大小变化与装饰细节的多寡上，仍旧是连身袖，衣袖的结构并没有很大的变化。而到 20 世纪 30 年代，旗袍袖型的结构发生了重大变化，首次出现了"外绱袖"，又称"装袖"，

---

❶包铭新.中国旗袍[M].上海:上海文化出版社,1998:19.

即将衣身和袖子分别制作，有袖窿。"20世纪30～40年代，袖子时而细长，长过手腕，时而短至肘部，甚至有的袖长至肩下约7cm，还有的旗袍直接省去了袖子。"❶显然，西方立体剪裁的装袖与传统的旗袍完美地结合起来，不仅使旗袍产生更多的样式，也使旗袍更合体、更舒适（图2-23）。

4. 旗袍的细节变化——衣襟

传统旗袍的衣襟样式为左片衣襟在右腋下做直线下裁。这样的设计不仅可以增大旗袍肩胸部位的活动余量，而且也可以使旗袍的衣片更加服帖。而后，由于旗袍领型的变化，直线向下的衣襟变为弧线样式。至民国，旗袍的衣襟也随着旗袍的曲线造型而产生了丰富的样式，如琵琶襟、斜领、如意领等（图2-24）。

5. 旗袍的细节变化——开衩

20世纪20年代中期，出现了开衩的旗袍，多为衣摆左右两侧开衩。开衩的设计不仅便于活动，而且透过开衩处还能显露女性的长腿，产生若隐若现的朦胧美。20世纪30年代时，旗袍最长，开衩最高，甚至开到胯下。开衩的高度和位置，往往受审美的影响，有高有低（图2-25）。同时，旗袍的开衩设计，也是将"遮盖"与"袒露"适度地结合，体现的是一种"乐不失雅"的审美原则。

综上所述，新式旗袍是民国时期最为典型和最为流行的女性服装之一，其瞬息万变的各式改良款式无不在月份牌上体现得淋漓尽致。从其演变来看，20世纪20年代开始兴起穿旗袍，起先是流行马甲旗袍，马甲取代长裙，罩在带有倒大袖的短袄外，长及足背，衣身宽松。而后马甲与短袄合为一体，袖子采用倒大袖，又名为倒大袖旗袍。20世纪30年代初期，旗袍腰身、袖口相对缩小，长度变短，接近膝盖；中期衣长加长，衣袖变短，开高衩；后期采用西式服装胸省和腰省的工艺，使袍身更为合体。20世

---

❶江南,谈雅丽.旗袍[M].北京:当代中国出版社,2008:45.

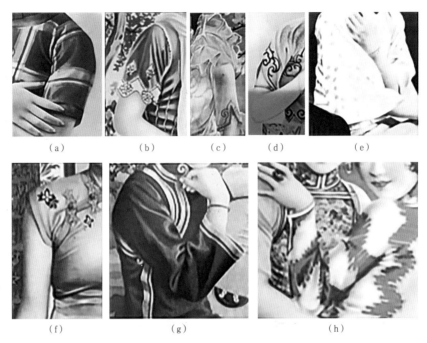

图2-23 月份牌中新式旗袍的袖型[(a)~(e)各式短袖，(f)坎袖，(g)(h)各式长袖]

图2-24 民国旗袍衣襟样式

 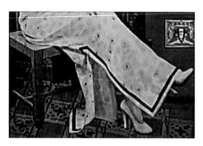 

图2-25 民国新式旗袍的各种开衩

纪40年代流行"透、露、瘦",用镂空织物和半透明布料做面料,同时出于便于活动的实用性目的,袍身的长度缩短及衣袖长度也渐短,最后变为无袖样式。

四、西式女装

民国时期,人们对西方物质文化的接受,呈现出"初则惊,继则异,再继则羡,后继则效"❶的渐进过程。西方现代生活的很多商品的涌入发生在19世纪中叶,此时租界地区已经开始大量使用现代生活用品了。事实上,现代都市生活的绝大多数物质商品都在此时开始传入租界:银行于1848年传入,西式街道1856年,煤气灯1865年,电话1881年,电1882年,自来水1884年,汽车1901年,

❶唐振常.市民意识与上海社会[M].香港:商务印书馆,1993:13.

电车 1908 年[1]。西方的现代日用商品而后开始在民国都市中慢慢普及，越来越多的都市中等以上家庭开始使用舶来品，舶来品的销售市场也越来越开阔，商品的数量和品种不断增多。《20 世纪中国社会生活变迁史》中描述："凡物之极贵重者，皆谓之'洋'，重楼曰'洋楼'，彩轿曰'洋轿'，衣有'洋绉'，帽有'洋筒'，挂灯曰'洋灯'，火锅曰'洋锅'，细而至于酱油之佳者亦名'洋秋油'，颜料之鲜艳者亦呼'洋红''洋绿'。大江南北莫不以洋为尚，无怪乎时人惊乎：'洋乎，洋乎，盖洋洋乎！'"[2]舶来品的大量涌入和使用，改变了国人传统的生活方式与消费观念，也使中国传统文化受到了巨大冲击。

20 世纪初，随着西方文化在中国的进一步蔓延，外国人继续涌入，同时大批留学生归国，促使西式服装登上历史舞台。西式服装在功能上，比中式传统服装更为方便舒适；在样式上，更为新颖独特。因而，西式服装逐渐被国人接受，并成为流行服饰。另外，在 20 世纪 30 年代，好莱坞电影开始在中国传播，中国女性由此知道了珍•哈露、葛丽泰•嘉宝、费雯•丽等女明星，她们时髦的衣服、性感的红唇、时尚的波浪发型……都是如此的新鲜，深深吸引了中国女性。中国女性就像今天的追星族一样，开始争相模仿，不仅学习西方女性的着装和化妆，还学习她们的生活方式，如跳舞、打球、游泳、骑自行车……与此同时，为了迎合当时社会的流行风尚，许多报纸、杂志，都开设了服饰专栏，专门介绍各式新颖款式的服装，这也为西式服装在国内的传播起到了推广和促进作用。正如《上海竹枝词》中描绘的"春江女子感文明，装束无端又变更。高底皮鞋长筒袜，袒胸露臂若为情"[3]。西式的服饰装束为世风所趋，很快地被国人接受。因而，在 20 世纪 20 ~ 40

[1]李欧梵.上海摩登:一种新都市文化在中国[M].毛尖,译.北京:北京大学出版,2001:6-7.
[2]严昌洪.20世纪中国社会生活变迁史[M].北京:人民出版社,2007:6.
[3]刘豁公.上海竹枝词[M].上海:雕龙出版部,1925.

年代的月份牌中，身穿连衣裙、西式大衣、礼服等西式时髦服装，脚踩高跟鞋，腿套长丝袜和头烫卷发的时尚女性，成为月份牌中津津乐道的题材。西方现代生活、西式女装在月份牌中被表现得淋漓尽致，涉及的款式如下。

1. 西式连衣裙

月份牌中表现了很多穿着西式连衣裙的时尚女性形象，而且连衣裙的样式也极为丰富。西式连衣裙的款式和审美，与传统女装截然不同。西式连衣裙重在突出女性性感的身体曲线，采用立体剪裁技术，以独特的面料制作，这都是中国女性闻所未闻的。而此时西方电影事业在国内也空前繁盛，时尚性感的好莱坞女星走入国人视野，从而促进了西式连衣裙在民国的传播。西式连衣裙在20世纪20年代开始盛行，至20世纪30年代逐渐在都市女性中普及。月份牌广告画中形象记录了此时流行的西式连衣裙，涉及了很多不同款式，如图2-26～图2-28所示。可以看出，西式连衣裙以纤窄修长为时尚，多为合身剪裁或在腰间抓褶以显示腰身，裙长一般到膝盖或脚踝，裙摆分喇叭

（a）喇叭袖连衣裙　　　（b）《美女顾盼图》（杭穉英绘，1920年代）

图2-26 西式连衣裙款式1

（a）泡泡袖、背带式连衣裙

（b）《影星陈云裳》（金梅生绘，1930

图2-27 西式连衣裙款式2

年代）

（a）荷叶边连衣裙

（b）上海隆昌毛巾厂月份牌

图2-28 西式连衣裙款式3

裙、斜裙等。衣袖有喇叭袖、泡泡袖、荷叶边袖、开衩袖、长袖、无袖等多种样式（图2-29）；衣领的变化更加多样化，有荷叶领、翻领、V领等（图2-30），令人眼花缭乱。而月份牌中丰富的西式连衣裙款式，不仅以图像的形式形象记录了民国西式连衣裙，也在西式连衣裙的流行和传播上起到了宣传和推动的作用。

图2-29 西式连衣裙的各式衣袖

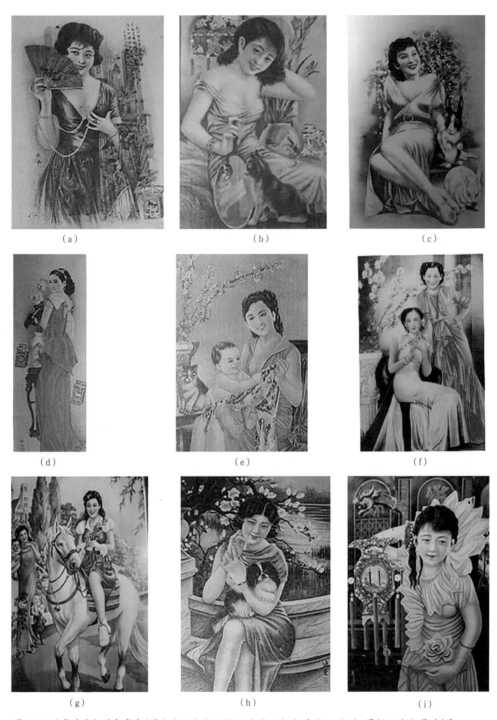

图2-30 西式连衣裙的各式衣领[（a）~（c）V领； （d）~（g）翻领； （h）圆领； （i）荷叶领]

2.西式礼服

西方女性的礼服包括晚礼服与婚纱礼服。西式礼服多为连衣裙款式，但比日常连衣裙更隆重、更精美，常常是用于出席隆重场合和正式场合的衣着，以彰显女性的美丽和着装品位。从造型上来看，西式礼服的上身都比较窄小紧身，而且比较暴露，十分突出女性的胸部曲线；相对而言，下身裙装的下摆却十分夸大，穿着后形成上小下宽的三角形造型。这种三角形的礼服形态，自文艺复兴以来即被确定，而且一直持续至今，也是西方视觉审美意识影响下产生的服装固有样式。月份牌广告中有不少表现穿西式礼服的女性形象，最为常见的就是各式婚纱。在20世纪20年代以后，西式婚礼越来越受欢迎，传统婚礼的繁文缛节被摒弃，"文明新婚"开始成为潮流，"以第宅客厅为礼堂，或假公共场所举行。大致请地方上有名望人为证婚，纠仪赞礼，请亲友担任，证婚人宣读证书，新婚夫妇行鞠躬礼，宾朋交致颂词。"❶在婚礼上，新郎或是穿中式的深色系的长袍马褂，或是西装革履；而新娘则不再是传统的凤冠霞帔，而是身穿一袭白色婚纱，有托地款、长摆款等多种款式，头戴白纱，手捧鲜花，并搭配珍珠项链等贵重首饰，以凸显婚礼的隆重和纯洁，如图2-31所示。在月份牌中有关此类题材的图像里，无论是新人的装扮，还是背景画面，已然与传统婚礼大相径庭，如图2-32所示。

图2-31 文明新婚

---

❶顾柄权.上海风俗古迹考[M].上海:华东师范大学出版社,1993:433.

（a）新娘倩影（杭穉英绘）　　　　（b）天鹅牌香烟广告

图2-32 月份牌中的西式婚纱

3.运动装

如果把态度的镇静严肃作为文明的标准，则中国人实在是文明的最高层。[1] 在中国的传统文化中，无论是文人墨客，还是达官显贵，追求的休闲娱乐活动一贯是内敛、含蓄而高雅的，琴棋书画、对酒吟诗、游历山川成为古人最重要的娱乐项目。而街头杂耍、茶馆评书、听曲唱戏则是普通百姓的日常消遣。对于女性而言，休闲活动却十分有限。这种状态在开埠以后被打破。在上海、广州等沿海城市，越来越多的西方人来到租界生活，并在租界建立了西式的消遣娱乐场所。早期以赛马和音乐会为主要休闲娱乐，而后游泳、网球、高尔夫等各类运动，以及马戏魔术等娱乐活动逐渐流行。

租界内的消遣娱乐，在租界以外产生了重要影响。国人也开始了西式的娱乐和运动。例如，1906年，第一次女子运动会在上海举行，这也是民国时期妇女解放的重要标志之一。面对如此轰动的事件，敏锐的月份牌画家很

[1]霍塞.出卖上海滩[M].越裔,译.上海:上海书店出版社,2001:4.

快将这一历史时刻表现在月份牌里。例如，杭穉英把手执铅球的女运动员和拉弓的女性，表现在月份牌画面中（图2-33）。这一切也来自清末民初，西式的体育运动项目的传入，国人开始关注健康，也认识到运动对身体健康的重要性，很多新式学堂都开设有体育课程。例如，《生活》杂志曾发文提倡女性游泳："一、女子的体质，富含脂肪，易于浮水。二、女子的形体，呈纺锤状，有如鱼体，受水的抵抗力较小，因之前进力遂大。三、游泳系全身的运动，不偏于局部的发达，结果能使身体平均发育，成自然的美态。四、水中运动的反作用力较弱，不像陆上运动的脚踏硬地，易使身体受到反作用力的影响，所以游泳的身体，均能发达丰满。五、游泳因受冷水的刺激和动作，能行自然的深呼吸，将海上清洁的空气吸入，可助血液的流行和胃肠的消化。"[1]而适合运动的合体运动装，甚至是暴露肌肤和四肢的游泳衣，也随之被国人接受。"从缠足到游泳衣真是天壤之别。尽管这些变化看似肤浅，实际却很深刻。"[2]

图2-33 执铅球女子（杭穉英绘）

而审时度势且迎合大众喜好的月份牌自然不会错过这些休闲运动题材，因而会有不少女性持有高尔夫球杆（图2-34），或者身穿泳衣等运动图像。这种休闲运动题材的月份牌展现了民国时期的新女性形象，也描绘了丰富的女性运动装。其中既有合体的运动服，又有短衣短裤的泳装（图2-35～图2-37）。实际上，女性运动装在西方出现得比较晚，大致在19世纪中下叶网球服、自行车装等运动装才开始出现，而泳装诞生得更晚一些，约在20世纪初期。如此看来，民国女性运动装基本与西方女性运动装同步。月份牌画中数量可观的女性运动形象，不仅反映出民国女性的思想与身体同时得到了解放，也体现出体育锻炼成为民国时期重要的娱乐活动。

图2-34 白玉霜香皂月份牌（佚名绘，20世纪30年代）

[1]徐玉文.海水浴[J].生活,1929(41):461-46.
[2]林语堂.中国人[M].杭州:浙江人民出版社,1988:145.

图2-35 健美运动图（稺英画室制）

图2-36 穿泳装女子　图2-37 清流游泳图

五、中西混搭女装

　　民国时期，西式服装主要流行于中上阶层，其仍旧是一种时尚的奢侈品。"男子，西装、大衣、西帽、革履、手杖、花球、夹鼻眼镜；女子，尖头高底上等皮鞋、紫貂手筒、金刚钻宝石扣针、白绒绳、皮围巾、金丝边新式眼镜、弯形牙梳、丝巾等"❶，是当时的时髦打扮。但久而久之，人们发现纯粹西式的服装与传统服饰审美观念的隔阂，在接纳西式服饰文化的过程中，逐渐衍生出一种既有民族本土特色，又能体现东方女性之美的混搭服饰。即将西方的审美观念与传统的文化思想和审美观念有机结合，将西式的剪裁工艺、面料花样及崇尚人体美的审美观念与中式服饰相融合。其中以中式改良旗袍最为典型。

　　改良旗袍不仅是民国时期中西服装合璧最成功的代表，而且是民国时期中国女性服装的文化符号。从月份牌画、老照片等图像上看，中西混搭的旗袍可分为两种类型：

❶资料来源于1912年1月6日《申报（上海）》。

一种为新式旗袍加上西式外套的搭配，如旗袍罩裘皮等西式大衣（图 2-38）。这种混搭在民国女性中很流行，随处可见，西式的裘皮与中式的旗袍在面料和风格上虽然截然不同，但二者的混搭，将旗袍的细腻精致与裘皮的时尚奢华融为一体。图 2-39 中，时髦的女性内穿立领旗袍，外搭奢华的大氅皮草，毫无违和感，大大提升了女性的优雅气质。这种中西混搭的旗袍是电影明星最喜欢的服装，在上海、广州和天津等大城市中十分受欢迎。另一种是将中式旗袍的局部细节及服装结构进行西化处理，使其更加贴体，更加美观，主要表现为在旗袍衣领、衣袖等部件上搭配西式装饰元素，如荷叶领、水滴领、装袖等，或是在结构上吸收西式服装的特点，运用胸腰省、装袖、肩缝、肩垫等西式结构，使旗袍更加修身合体，突出女性的身体曲线美。而传统的大襟和烦琐的装饰逐渐消失，旗袍趋于简化，却不失奢华质感（图 2-40、图 2-41）。图 2-40 中，只有领子保留了传统的旗袍风格，而面料、衣袖、衣摆及装饰纹样等细节与传统旗袍截然不同。

图 2-38 奉天太阳烟公司月份牌（金梅生绘，20世纪30年代）

图2-39 旗袍搭配裘皮大衣　　　　图2-40 改良旗袍　　　　图2-41 旗袍搭配礼帽

　　从图像及现存民国旗袍实物来看，改良旗袍一般为修长紧身的款式，特别适合表现女性优美的身体曲线，而且不断推陈出新，如开衩的高低、衣摆的高低、袖子的长度等时时更新，并常常与西式外套混搭，也经常借鉴西式服装元素，并衍生出多样的风格。

　　20世纪三四十年代的月份牌画，经常描绘一些时尚的、健康的、性感的现代女性形象。她们穿着最前卫、流行的服装，从一定意义上讲，月份牌中的女性形象在整个民国时尚的发展中起到了一定的推动作用。而且，在月份牌中可以窥见西方现代文化与中国传统文化由冲突到融合的轨迹。此时月份牌中表现的女性形象极为丰富，既有时尚性感的香烟美女，又有温文尔雅的执卷少女；既有众所周知的女明星，又有朴素无闻的女学生；既有古典传统的执扇美女，又有健康活力的运动女性……她们的服装是这个时期最时尚、最流行的款式。这种服饰的变化及人物形象的形成，反映了民国时期社会思想的进步、生活方式的转变和人文风情的变化。从月份牌画的时尚独立女性形象来看，在西方文化的传入过程中，国人从拒绝到接受的过程演变，中西文化最终融合共生在一起，并形成了与传统不同的审美情趣和审美取向。可以说，旗袍、高跟鞋、手拎包等服饰在20世纪30年代创造了中华民国精致开放的女性形象。

第三节
月份牌画中的童装

儿童服装与男装、女装一起构成服装的三大类别。古代文献中，虽然没有"童装"一词的记载，但古代儿童服装品种丰富，有肚兜、虎头帽、虎头鞋、襁褓、围涎、百家衣等多种样式。从广义上来讲，童装是指人从出生到未成年这一阶段中穿着的服装，可以细分为婴儿服装、幼童服装、中小童服装与大童服装。由于婴幼儿时期与少年时期，儿童的身体结构差异明显，以及身体活动的不同需要，婴幼儿服装与青少年服装在款式、结构和使用功能上截然不同。因此，儿童服装在制作时，不仅要考虑款式美观，还要兼顾服装的实用性、舒适度，并且要表现民间对童装的特殊冀望和更多的寓意。由于古代童装的实物遗存有限，图像资料也不多，现在能见到的多是清代与民国时期的童装实物和图像，文献记载也很少，因此，自古至今对童装的关注与它的应用价值之间严重失衡，学术界也少有针对童装历史的专门研究。而近代童装的材料却较为丰富，一则实物遗存较多，二则写实油画与老照片等图像数据的可靠度较高，可以形象地展现民国童装的风貌。相较而言，月份牌中出现的儿童形象虽然没有女性形象那么多，但数量也很可观。他们往往是依附女性形象而出现的，共同组成"母子图"，而少有单独将儿童作为画面主体表现在月份牌中的。从月份牌中的儿童图像来看，以西式着装的儿童形象为多见，虽不能涵盖民国童装的全貌，但可参照民国时期老照片、儿童题材漫画、插图等图像资料，以及中国丝绸博物馆、北京服装学院服饰博物馆、东华大学中国服饰博物馆等保存的上百件近代童装实物，以月份牌中的儿童服装为切入点，直观分析和梳理民国童装。

在清末民初"西风东渐"的浪潮和"新文化运动"等思潮的影响下，西方文化逐渐渗透到人们的生活和思想里。新旧文化，传统文化与西方文化，经历了从碰撞、融合、共生的演变过程。在这个演变过程中，民国的服装在款式、结构、使用、制作、工艺等方面都发生了巨大变化。不仅包括成人服装的变化，而且包括儿童服装的变化。从发展轨迹上看，童装也如成人服装一样受到西方服饰文化的冲击，并且跟随成人服装的步伐一并进入了中西并陈的时代。从童装的文化传承上看，民国童装不仅保留了古代童装的基本样式，而且在西方文化影响下逐渐形成了现代童装的基型。因而，民国童装在中国服装历史上同样具有划时代的意义。虽然，在民国政府颁发的两次服饰条例中，并没有针对儿童服装的具体规定，但儿童服装也同样引起了社会关注，儿童服装也应当是"最经济""最卫生""最合用""最美趣"的服装，应该根据儿童的性别特征和身体结构，设计相应适合身体的服装，同时也要培养儿童的审美情操。总的来说，民国时期儿童服装款式更为丰富，中式童装与西式童装并行不悖，可以从以下月份牌画中的儿童图像，窥见童装的变化。

一、传统中式童装

传统中式童装大致可分为两类：一类是婴幼儿服装，另一类为中大童服装。前者一般为母亲或家中女眷手工制作，款式设计灵活，不受成法限制，配色自由，装饰纹样多是"图必有意，意必吉祥"。例如，儿童肚兜上经常绣有各种吉祥图案或吉祥文字(图2-42)。后者趋于成人服装，

图2-42 民间肚兜

可以说是"小尺码"成装人 ❶。据文献记载，此类服装常常在成人服饰名目前冠以"小"字，如《金瓶梅》中说的"绿云缎小衬衣"就是指儿童服装。从款式上看，中大童服装与成人服装区别不大，基本是按照成人服装的式样设计，只是装饰纹样要比成人服装多些，服装色彩要比成人服装好看些。例如，宋代苏汉臣的《秋庭婴戏图》（图2-43）描绘了一大一小两个孩童在庭院中玩耍的场景。左侧小童内穿上衣下裤，裤腿宽松便于活动，外披一件红色上衣；旁边大童身穿右衽长衫，长度至脚背，款式基本与成人服装无差。另外，清代童装保留了不少实物，其中中大童服装在衣长、袖长、腰围等尺寸上完全可以满足成人需要，只是领围尺寸非成人能穿着。所以说，中大童服装其实就是尺寸缩小的成人装。

而民国传统中式童装虽然受到西式童装的冲击，但是依然不失传统特色，却与以往有所差别。例如，传统服装上的缘边装饰在民国后期的童装中，虽被保留却逐渐简化，复杂的镶边装饰几乎很少被装饰在童装上。月份牌画中穿传统中式服装的儿童形象数量有限，主要涉及的童装款式有儿童长袍、马褂与坎肩、儿童旗袍、儿童长裤。

传统的长袍仍旧是男童日常的主要服装，款式上与同期的成人长袍没有太大差异。男童长袍服可单独穿着，如图2-44所示，两小童皆穿单色长袍，无装饰，趋于简洁。如同成人男装长袍一样，儿童长袍也可搭配坎肩或马褂。图2-45中男童内穿过膝白色长袍，上有橘色小团花纹样，外穿蓝色坎肩，为典型的传统中式服装搭配。其中，坎肩样式很多，有一字襟、八字襟、琵琶襟、大襟、对襟、偏襟等多种衣襟形式；在面料上，有毛葛、铁机缎、钩针花边、机织花边和赛璐珞纽等多种材质。儿童上身穿的长、短、里、外、薄、厚衣服，都属于童褂。由于童褂穿着的便捷性而逐渐成为童装的主要款式。清代的

图2-43 秋庭婴戏图（宋代，苏汉臣）

❶王庆,等.中国童装产业发展研究报告[M].北京:中国市场出版社,2007:5.

图2-44 箭鼓牌套鞋月份牌（铭生绘）　　图2-45 亲子共游图

童褂在长短上具有明显的不同，如马褂长度及腰，吉服褂则过膝；而到民国，儿童上衣的长度趋于一致，马褂逐渐变长，长褂渐渐变短，长度一般都在腹部。例如，图2-46中男童上身穿藏青色半袖马褂，衣长及腹，内穿浅色长袍。从月份牌画及其他图像资料上看，民国儿童的长袍、马褂及坎肩也同样逐渐简化。

儿童下身穿的裤子，至民国更加完备。古代裤子有开裆裤和合裆裤之分。开裆裤是传统汉族的服装，成人男女都穿；合裆裤是胡服，是游牧民族的服装款式，在春秋战国时期，赵国赵武灵王出于战争的需要将合裆裤引进。至民国，开裆裤成为儿童专属的服装；而合裆裤经过改良穿着起来更为便捷和整洁，逐渐流行与上衣配套穿着。图2-47中，右侧两女童皆为上衣搭配长裤，从图像上看，裆部处理已经很服帖。在图2-48中，女童裤子的处理更加清晰，这种麻布上衣与宽大长裤的组合，是平民的主要服装款式，俗称"短打扮"，往往脚上还搭配布鞋或棉鞋，男童头上还戴瓜皮小帽或罗宋帽。在农村、边远地区以及城市底层的儿童一般都做"短打扮"。

图2-46　萱花结子图（稚英画室绘）　图2-47　上衣下裤装扮的儿童　　图2-48　民国儿童照片

　　此外，月份牌中最为常见的女童服装，当为女童旗袍，其款式极为多样。月份牌画中以齐膝半袖短款的儿童旗袍为多见（图2-49、图2-50），有的满布花卉纹样，有的以时髦的阴丹士林布制作成素面无纹的款式。

图2-49　中国南洋兄弟烟草公司　图2-50　三井洋行月份牌
月份牌（稚英画室绘）

二、西式童装

西式儿童服装在晚清民国时期，随着西方文化和西式成人服装一同进入人们的日常生活。从影响程度和传播力来看，民国儿童服装甚至比成人服饰西化的速度更快，传统中式童装与西式童装共同组成了民国童装的主要式样。从穿着使用来看，西式童装主要流行于都市的中产以上阶层的家庭，在乡镇等农村地区仍旧以传统童装为主；而且，与中式童装相比，西式童装更能满足儿童的生理特征和心理需求。从服装制作与工艺来看，西式童装的省道、公主线、装袖等中式童装中没有的结构或者裁剪方法，使童装穿着更舒适合体。从款式上看，西式童装品种丰富，有西装、衬衫、连衣裙、大衣等多种类型，在月份牌中都有体现。

1. 西服

儿童西服与成人西装基本一致，男性西装有什么款式，男童西装都有。月份牌画中，对于儿童西服的刻画并不少见。图 2-51 的款式为缩小的"成人"西服，男童身穿深色西装，平驳头，单排扣，衣身平整挺括，搭配衬衫和西式短裤。图 2-52 中的男童西服为翻领、双排扣样式，也搭配短裤，显得干净利落。从样式上看，西装为上下分体式服装，即上身西服与下身西裤，"四肢与躯干分别被包裹"[1]，相对中式直身连体式服装而言，西服衣身更加贴体，提高了服装的机能性，收腰与装袖等设计可以满足儿童运动的需要。因此，西服既可以修饰儿童体型，又适于活动，广受欢迎。

2. 衬衫

衬衫可内搭，也可单独外穿。内搭时，与西装成套。款式上，有长袖与短袖之分，以适应不同季节和温度的变化。从实用性来讲，衬衫是一种适用较广的服装，既可日常家居穿，也可在户外活动时穿，不受场合限制。因此，"男孩子……只要罩一件绒布或是自由布的衬衫，便是了，

图2-51 廷康绘月份牌

图2-52 好学图（稚英画室绘）

---

❶张竞琼, 孙庆国. 论张竞生的"变服"主张 [J]. 装饰 ,2006(6):38.

在校在家，上课做事，极其便当……"❶从衣着效果来看，
衬衫同样十分贴合人体，非常便利。图2-53中，三件衬
衫同为长袖、翻领、直身款，在细节上又各有特点。左一
男童衬衫上有流行的条纹图案，搭配领带，却没有表现门
襟；中间男童穿没有装饰纹样的衬衫，胸前有一个口袋；
右一男童穿大翻领的衬衫，领部系有领结，左胸前同样有
一口袋，上有袋盖。在月份牌画中，单穿衬衫的男童形象，
也不少见。图2-54为短袖衬衫，搭配深色短裤。图2-55
为长袖衬衫搭配背带裤。与中式内衣相比，衬衫是一种更
加独立、更加实用的服装。

图2-53 《谈谈新装束》插图

图2-55 庆祝圣诞图

图2-54 儿童屏

---

❶晖明. 谈谈新装束 [N]. 申报（上海）,1925-12-21.

3. 连衣裙

连衣裙为西方女性专属款式。从造型上看，西式连衣裙简洁轻便，衣身短小，收腰，贴身，便于下肢活动。因此，女童连衣裙自其传入以后，很快成为除旗袍之外最普遍穿着的女童服装。月份牌画中所表现的女童形象，绝大多数穿的都是西式连衣裙。从款式上看，其廓型有 A 型和 X 型之分。

图 2-56 中连衣裙为 A 型款式，造型为圆领、公主线、装袖、褶裥设计，衣长多及膝盖，适合好动活泼的小童穿着。A 型连衣裙是月份牌中最为常见的女童服装（参见附录 3）。A 型连衣裙也有各种细节之处的变化，如图 2-57 所示的连衣裙，底摆有三层花边装饰。X 型造型连衣裙在月份牌画中相对表现得比较少。图 2-58 中右侧女童穿蓝色 X 型连衣裙，上身为圆领、装袖、系有蝴蝶结腰带，裙摆向外展开，底边有花边装饰，整体廓型类似 X。在其他图像资料中，也有对 X 型连衣裙的表现。图 2-59 中，女童身穿 X 型连衣裙，造型为圆领、泡泡袖、系有蝴蝶结腰带，收腰，裙摆蓬松散开，有蝴蝶结装饰。X 型连衣裙更为合体，具有鲜明的女性特征，适合大童穿着。

图2-56 中国华成烟公司月份牌　　图2-57 戏犬图（稚英画室绘）

图2-58 穉英画室绘制月份牌　　图2-59 民国女童照片

4. 大衣

　　大衣为儿童的外出服装。因穿脱方便，合体保暖，而在寒冷季节普遍穿着。"若天气过冷，或要到外面去走走，上面可加一件短的外衣，就是在北方冷地，再加上一件半长的外套……"[1]大衣廓型有 A 型[2]和 H 型[3] 之分（图2-60）。月份牌画中出现的儿童大衣款式多为 A 型。图2-61中绿衣男童所穿大衣款式为 A 型，大翻领、双排扣，插肩袖或装袖，暗袋，当与图2-62 中的男童大衣为同款。A 型大衣宽松舒适，臀围以下余量较多，适于下肢活动，因而比较适合好动的小童穿着。图 2-63 从男童的衣着状态来看，此款似 H 型大衣。H 型大衣为直筒造型，一般有立领、圆领、青果领、平驳领等多种领型，衣长在臀部以下，适合七八岁以上的中大童穿。

[1] 晖明 . 谈谈新装束 [N]. 申报（上海）,1925-12-21.
[2] 佚名 . 西式儿童服装——汇图 [J]. 美术生活 ,1935(10):35.
[3] 凌君 . 时装 : 八九岁女孩的通用服 [J]. 美术生活 ,1934(7):26.

（a）A型儿童大衣

（b）H型大衣款式

图2-60 大衣款式图

图2-63 冠生园食品有限公司月份牌

图2-61 出游图

图2-62 民国儿童照片

第四节
月份牌画中服饰图像的可信度论证

月份牌的绘画创作一般是采用西方的擦笔素描和水彩画法，描绘出几近照片的写实图像。每一张月份牌都对人物的形象及服饰装扮进行了写实而精细的刻画，具有"丰润明净的肌肤效果与几可乱真的衣饰质感"❶。因而，月份牌也被称为是"照片的另一种呈现方式"。尤其是在表现现实题材的月份牌中，画家往往通过聘请真人模特进行摆拍，再以九宫格放大照片后，进行对景写生（图 2-64、图 2-65）。因而，画家在选择模特以及搭配服装、背景等方面，不仅要了解时尚潮流，而且要满足人们的消费倾向。所以，月份牌中的人物形象虽然是写实的，通过月份牌的人物图像来研究民国服饰也有一定的可行性和研究价值，但其中的服饰图像具有相对的真实性，并不能完全呈现民国服饰的常态。

---

❶邓明 , 高艳 . 老月份牌年画：最后一瞥 [M]. 上海：上海画报出版社 ,2003.

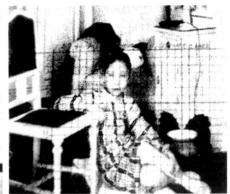

图2-64 谢之光的月份牌模特原型　　　　　　图2-65 其他画家用于绘制月份牌的照片

一、女装：有限的多样与相对的真实

　　月份牌画从其产生、发展到鼎盛都是发生在上海，其创作者绝大多数都是上海的画家，且往往以上海的现代都市生活和都市女性形象为蓝本进行创作。上海作为最早开埠的沿海城市，其经济发展、社会开化度等都在全国处于领先地位。同时，它也是民国时期时尚的发源地。因此，月份牌所体现的内容具有深刻的海派符号。尤其是月份牌中的服饰信息，更加能够反映海派服饰的变迁。所以，月份牌中反映的服饰信息具有一定的局限性，倘若单从月份牌中很难掌握民国服饰演变的全貌，月份牌中所反映的女性服装文化的真实性也是相对性的。

　　首先，月份牌中描绘的女装并没有囊括生活中女性装束常态。月份牌的发祥地是近现代商业最发达、思想最开放的上海❶，上海是最先接触西方事物与新鲜潮流的城市，但是上海以外的一些城市对于月份牌也很喜爱，因为从月份牌上美女的衣着打扮可以知道上海最新的流行信息。所以，月份牌上的女性形象，无论是身穿中式旗袍，还是西式女装；无论是盘发，还是烫发；无论是穿高跟鞋，还是平跟鞋……都是那时民国最为时尚和新颖的打扮。

❶宋家麟. 老月份牌 [M]. 上海：上海画报出版社 ,1997:4.

从地域的角度来看，现代中国服装的发展有着完全不同的风格。在此期间，西式服装在城镇广泛流行。然而，广大农村地区的穿着变化受西式服装的影响极为有限，农村地区仍然以传统女装，如以短袄、长裤，白布袜和黑布鞋为主要的服装款式。相对于时尚的西式服饰，农村地区的女性服装则以传统款式为主，且样式与色彩趋于简洁。"当上海女子已经开始整烫头发、足着高跟鞋的时候，河北三河县妇女头上还戴着三四百年前的冠子，足下还缠着一双'三寸金莲'；当北平的贵族妇女已经着贴身旗袍时，在甘肃还有三十年前上海时兴过的大镶滚袖衣。"❶可以看出，民国的时尚在地域上发展极不平衡，这与农村和偏远山区的封闭密不可分。然而，这种不平衡在中国城镇和沿海地区，与广阔的农村和偏远山区造成了截然不同的服装和美学风格。所以，作为商品宣传和具有时尚风向标功能的月份牌，它所描述的都市生活和都市女性形象具有一定的地域性，并不能全然代表整个民国女装的情况。

其次，月份牌的创作，尤其是20世纪20年代以后的创作，往往是月份牌画家对照实景或者参考照片，以擦笔水彩的画法创作的。月份牌为广告宣传，最大的目的在于商品营销，吸引消费者的目光，"（月份牌）是为了满足消费者的需求、促进消费动机而存在，因此月份牌的吸引人与否，常会左右市场的消费状况；反过来说，月份牌的制作需要符合消费者的喜好与品味，才有可能引发购买产品的欲望。"❷因而，画家在绘制月份牌时，画中的女性形象大都以名媛或者明星为模特儿，"但因为明星收费昂贵，故多以其照片来临摹，也因此曾发生了上海最早的肖像权官司"❸。为了避免侵权，并使画面具有自己的创作风格，有时月份牌中也会融入画家自己的想象、观念和发挥。这就会使月份牌的服装款式或者细节表现产生并不完

❶袁杰英.中国历代服饰史[M].北京：高等教育出版社,1994:217.
❷阮慧敏.一九四九年以前上海地区月份牌所反映的市民品味[D].台北：台北艺术大学,2002:46.
❸纪录片老上海广告人——谢之光.中央电视台,2010.

全那么真实可靠的现象。如图 2-66 所示，女子穿红色泡泡短袖对襟上衣，画家更注重对于人物本身的表现，而衣服的细节描绘并不严谨。在衣袖的刻画上过于牵强，尤其是左侧衣袖并没有画在衣身上。类似对于服装款式表现不合理还有其他月份牌画，如图 2-67 所示表现的是年轻女子仰天拉弓射箭的场面。图中女子穿的这款红色超短吊带露背连衣裙，从服装功能上看，实在是不适合运动穿着。民国女性开始参加体育运动，也有相应的运动服装，但图中这种款式即使在今天看来也不适合拉弓射箭。如图 2-68、图 2-69 所示，女性穿的上衣都属于袒胸露乳的透视装，民国社会风气开化，女性思想解放，但这种露点式上衣无论在当时，还是如今，都令人瞠目结舌。虽然，也有类似女性穿敞领上衣的照片，但月份牌中对此的表现确实有所放大处理。因而，月份牌中的女性服饰装扮虽然是了解民国女装的重要图像资料，却也应结合民国老照片与服装实物等资料进行辨析与考证。

图2-66 健胃固肠丸月份牌画

图2-67 健美运动图（稚英画室绘）

图2-68 骑自行车的少女（杭穉英绘，20世纪 图2-69 骑摩托车的女子（杭穉英绘，20世纪40年代）
40年代）

二、男装：以配角身份出现的典型男性形象

　　作为商品宣传的月份牌广告画，印制数量可观，从现存的月份牌来看，都市时尚女性题材表现最多，传播得最为广泛，而表现儿童形象的月份牌次之，男性在月份牌中出现的频率更是微乎其微。在早期的一些传统题材月份牌广告画中，根据表现内容的需要，还能看到一些身着古代服饰的男性形象（图2-70），头戴幞头，身穿大袖交领长衫。但到了20世纪二三十年代以后，在月份牌发展的鼎盛和成熟时期，却很少能看到以表现男性形象为主的月份牌了，男性一般都是作为女性形象的陪衬与配角而相伴出现。尽管如此，在极少的描绘男性形象的月份牌中，仍旧可以寻到一些相关民国男性服饰的信息。

　　在鲜见的月份牌男性图像中，男子衣着出现三种类

图2-70 张敞画眉图

型：①长衫与马褂搭配的典型中式服装（参见图 2-2）。②西服套装、衬衫、领带配皮鞋的西式搭配（参见图 2-3、图 2-4）。③中西混搭穿法（参见图 2-6）。在月份牌中出现的这三种类型的服装是民国男性最具有代表性的穿戴，基本囊括了当时男性的主流服装款式。民国男装在 20 世纪 20 年代以后，由民初衣着乱象，逐渐形成相对稳定的模式，即形成这三种比较固定的衣着范式。

以长衫和马褂搭配的中式服装原是从满族服饰演变而来的。民国时期，政府颁布的《服制条例》将中山装与蓝色长袍搭配黑色马褂作为男性正式礼服。在《服制案》及《服制条例》中皆有对礼服的明确规定。长袍一般为大襟圆领或企领，马褂多为对襟圆领或企领。长袍和马褂又有礼服和便服之分。可以说，长袍和马褂是民国最为常见的男装组合，官员商人、知识分子、平民皆可以穿着。

在民国时期的新思想和新观念的影响下，传统的等级消费观念被打破，人们合理地、自由地选择自己喜爱或是性能优质的产品，不再受身份和等级的限制。例如，民国初年，男性剪发、女性放足后，各种舶来品无所不有，源源不断地涌入国内市场，促使崇洋思想的扩散，西方服饰成为潮流，人们开始追捧西式服装。"西装之精神在于发奋焯厉，雄武刚健，有独立之气象，去奴隶之根性，穿了它可振工艺，可善外交，可以强兵强种"❶，甚至在农村也出现了"农民争服洋布"的现象。从审美角度来看，由于西方物质文化的冲击和影响，以及舶来商品高质平价的优势，致使国人慢慢接受和喜爱西方的织物和服饰，并在审美趣味上受到西方观念的影响。到 20 世纪 20 ~ 30 年代，普通人穿西式服装已经是司空见惯的事情。而且，逐渐形成以"西服为礼，西服为正"的男装模式。而面对大众消费的月份牌，其绘画的主题以促销商品为目的，自然会将

---

❶蒋雪静. 民国西化运动中的女性服饰风尚 [J]. 装饰 ,1998(6):3–5.

当时国人喜爱的、流行的、时尚的西式男装表现在画面中。

自民国政府在其颁布的《服制条例》中将"长衫马褂配西式礼帽"认定为正式礼服后，中西混搭、土洋搭配就成为男性服装中司空见惯的现象了。中西并行的时髦搭配，体现出民国时期人们在顺应时代过程中对西方服饰的理性思考和不断扬弃的磨合探索。1912年吴稚晖在《改装必读》中指出："时人所讥为不中不西，或指华衣西帽，或华衣西靴，或华袍西褂而言……正为甚适当之自由，吾人不必惊怪。"长袍配礼帽、西裤、皮鞋、眼镜……都是当时流行的中西混搭风。这种衣着方式，一方面由于民国政策的推进使然，更重要的是中西混搭既维持了中式男装的外观气度，又提高了服装的机能性和功能性，并非胡乱搭配，才得以被很多民国男性接受。20世纪20年代以后的月份牌，以都市生活为主题，画面表现的内容都是民国时期最为流行、时尚、前沿的，而时尚的中西混搭势必会进入月份牌画面表现中来。

虽然月份牌画中表现的男性形象屈指可数，且多为画面的配角担当。但在有限的男性形象中，却将民国最典型、最流行的三种男性服装表现在其中。

三、童装：月份牌画中儿童形象与生活中儿童形象之别

在收集的月份牌画中，儿童基本穿的都是西式款式服装。这种现象不仅表现出儿童服装的西化倾向，也反映出西式服饰在民国的盛行。19世纪末20世纪初，随着西方文化的传入，西式服装逐渐被接受。一方面，清政府为"船坚炮利"而派遣留学生到西方学习工业技术，这些留学生在国外学习的过程中，自然也受到西方文化与审美的熏陶。其中，许多留学生还是最早剪辫易服的先行者。伴随留学生的回国，西式服装被引进和传播。在西式服装的推广和中西服饰的融合上，归国留学生们发挥了重要作用。另一方面，自1840年中国被西方列强入侵以来，许多西方人

怀着各种各样的政治目的和商业目的来到中国发展。洋人们穿着整齐合体而又方便简洁的西式服装，一定程度上对宣扬西式服装起到了积极的促进作用。再者，民国初年改元易服，以及民国政府先后颁布的两次服饰草案，都促使了西式服装的流行。民国元年，政府宣布：男子礼服分大礼服与常礼服两种。大礼服即西式礼服，常礼服为西服及中式长袍马褂两种。女式礼服则为上衣下裙制[1]。此后，传统中式服装与西式服装并行，又融合共生，男装、女装与童装无不如此。因而，月份牌广告画中才会出现穿西式童装的儿童形象，并且以西式打扮为多。

而事实上，从民国老照片、民国画报、油画、漫画等其他图像资料，以及现存民国童装实物资料与民国文献资料中发现，改良的中式童装在儿童中更有市场。例如，受西方服饰影响而出现的连体"田鸡裤"（图2-71），因款式便捷，纹样吉祥，常见小童穿着。又如，极具时代特色的女学生"文明新装"（图2-72），上衣修长合体，搭配西式半截裙，不仅受西方女装的影响，还秉承了简洁的风格。而在月份牌中几乎看不到"田鸡裤"与穿"文明新装"的女童形象。这说明民国儿童实际穿着使用的服装款

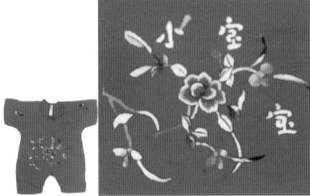

图2-71 大红素缎绣花田鸡裤

---

❶黄敏. 民国时期的服装研究 [J]. 株洲师范高等专科学校学报，2005(4):12.

图2-72 女学生照片

式与月份牌中的流行引导之间存在着明显的差别。民国时期，上海、广州等大都市成为西方外来服饰最先波及的城市，社会上层与城市市民纷纷弃中装穿西装。穿时尚西式童装的儿童，大都来自都市殷实家庭。而更广阔的农村地区以及都市中的平民阶层中，仍旧以传统服饰为主，"不仅保留着传统服饰本身，还保留着它的生存土壤"❶。农村地区"现代化"的足迹到20世纪二三十年代还没有出现，文化大都保留着原有的风貌❷。虽然，上海、广州等大城市中的服装变革迅速，但更多的城市和更广泛的农村地区，传统服装仍旧占有一席之地，因而表现出在同一时间中不同空间的巨大服装差异。例如，20世纪上半叶，皖南的盘金绣童装在乡村富裕家庭中十分普遍；而与此同时的上

---

❶张竞琼. 从一元到二元：近代中国服装的传承经脉 [M]. 北京：中国纺织出版社,2009:233.
❷孙燕京. 晚清社会风尚研究 [M]. 北京：中国人民大学出版社,2002:122.

海，则出现了"童子军"军装与"小大人"似的西装❶。
显然，民国时期，在不同地区、不同阶层，服装已有巨大
的差别，服装的西化程度也截然不同。另外，沿海都市接
触西方文明的机会多，受西式服装的影响也多，服装的款
式也更丰富。但由于民国时期，城乡之间的发展水平不同，
二者之间的文化传播和商品流通受到限制，因而经常会出
现在大城市流行的服饰几十年后才能在乡间看到，服饰的
交流与流通十分缓慢。在现存的很多图片资料中可以看到，
很多传统的长袍和西式帽子混搭，这种传统童装与西方元
素相结合的混搭装扮很受欢迎，从整体上看，民国时期仍
旧保持着传统形式的童装。可以推断，民国时期，民间仍
然延续了传统童装的穿戴，并加以改良。而在月份牌画中，
为了迎合市场和时尚潮流的需要，则更多地表现西式童装
的儿童形象。

---

❶张竞琼.从一元到二元：近代中国服装的传承经脉 [M]. 北京：中国纺织出版社,2009:233.

第五节
月份牌画中的服饰风格

一、女装的趋异性

月份牌画中描绘的女性形象以及她们的衣装，可以说是"张张不同，款款各异"。以阴丹士林布的月份牌广告画为例，虽然画面中的女性都穿阴丹士林旗袍，姿态也十分相似，但在旗袍的细节表现上却有不同：有深蓝、湖蓝等颜色之分，有坎袖、短袖等衣袖长短之别，有高开衩、半开衩等开衩高低之差，有小立领、圆领等衣领之异……这仅仅是在颜色、用料相对单纯的阴丹士林布广告中出现的女性衣着，在服装细节表现上就有如此多的差异（图2-73）。再以月份牌画中的旗袍为例，更是千变万化：有低领的、无袖的、高开衩的等多种样式；有绸缎、丝绸等多种材质；有刺绣、印花等多种装饰手法……可以说，月份牌中的女性服饰呈现出多样化的特点，即具有"趋异性"。这种女装趋异的现象，基本反映了民国女性服装的真实状态。

民国时期，女性走出闺阁，走进社会，开始在社会上担任一定的社会角色和职业，知识女性和职业女性也不断

图2-73 阴丹士林布月份牌（各式阴丹士林旗袍相似而不相同）

增多，"从数量上看，更多的职业妇女承担女工、护士、店员、电台播音员、电话局接线员等工作，或是承接缝纫、洗衣、刺绣与制竹器等简单的手工加工任务或提供劳务服务。"❶而女性在参与社会活动的过程中，爱美的天性被释放出来，开始注重展现自我的个性与喜好，具体表现在：一是女性对时尚流行的追捧，另一则是女性在服装打扮上更加注重表现自我形象和个性特征。因而，女性在衣着装扮上不断追求趋异性，致使民国女性的服装呈现出千变万化的面貌，也因此民国女性的着装很少会出现撞衫的现象。以最受民国女性青睐的旗袍为例，无论是职业女性，还是从事手工劳动的女性；无论是在职场中，还是日常生活中，旗袍都是民国女性最为普遍的衣着，且可以在衣料、花色、纹样及领型、袖型等细节部件上变化风格和样式，因而旗袍可以直接体现穿着者的审美个性（图2-74、图2-75）。再如西式女装，多为物质条件优越、思想开放的都市时尚女性穿着。她们的衣着样式和风格，本就是领跑时尚和潮流，因而在服装样式上和搭配上也有着丰富的变化，体现着趋异性的特点（图2-76）。从整体上看，民国女性的衣着不受职业身份与社会角色等社会属性的限制，没有形成统一的衣着范式和外观视像。

同时，民国女性服装上还体现出"趋时性"的特点，即女性追求服装的新颖性和时新性。因而，在民国短短的几十年里，女装更新很快，变化很多。这可以从张爱玲的《更衣记》中看出，她在书中历数了民国初年至20世纪20~30年代各式时髦女装，足以反映出民国女性服饰的趋时性特征。而且，在民国女装发展过程中，出现了"时髦女郎""摩登女性"群体，并在女装演化上起到了积极的推进作用。而"摩登，言其意义，都作为'现代'或'最新'之义……'是新式的不是落伍的'的诠释。故今简单言之：所谓摩登者，即为最新式而不落伍之谓，

---

❶罗苏文.女性与中国近代社会[M].上海：上海人民出版社,1996:253-255.

图2-74 着新式旗袍的民国女性（改良旗袍在款式与纹样上灵巧多变）

图2-75 民国身穿新式旗袍的女性形象

图2-76 民国时期各类西式女装

（a）　　　　　　　　　　（b）　　　　　　　　　　（c）

（d）　　　　　　　　　　（e）　　　　　　　　　　（f）

图2-77 民国月份牌中的新式旗袍[（a）：20世纪20年代；（b）、（c）、（d）：20世纪30年代；（e）、（f）：20世纪40年代]

否则即不成其谓'摩登'了。"❶这种趋时性体现在月份牌画中所描绘的女性旗袍上，也清晰可见女装依时而变的特征（图2-77）。"30年代上海时尚杂志如《良友》《三六九》等画报还专门开辟专栏。专版介绍最新的国际时尚信息以及女装的流行款式。"❷在月份牌中，尤其是20世纪20年代以后，以都市女性为主题的月份牌中，女装同样表现出"款款各异"的特征，这也正是民国女性服装"趋异性"与"趋时性"的印证。

❶新辞源 . 申报月刊（上海）,1934-3.

❷江南 , 谈雅丽 . 旗袍 [M]. 北京 : 当代中国出版社 ,2008:23.

二、男装的趋同性

月份牌中呈现的男性服装主要集中"三种着装方式，土、洋、土洋结合三种"，这种现象与民国男性着装的实际状况相吻合。"所谓'土'的，在男子是长袍马褂瓜皮帽洒鞋，以这种方式穿着的多是当地商人或门第较高家庭的中年家长……所谓'洋'的，在男子是西装革履，教育界人士、洋行职员、门第较高的年轻一辈穿着较多……有中国特色的是'土洋结合'法，男子穿大褂配西裤长衫配皮鞋、礼帽……当时有评论：皮鞋西裤大马褂，烫发旗袍半高跟，不中不西，亦中亦西，谓之为东西合璧可，谓之为文化进步也，然而这合璧进化，不发生于外国而独见于中华者，固由于中人之善模仿，而主要的理由不能不说是中国人常于'中庸之道'"。❶

到 20 世纪 20 年代以后，民国的男装开始形成自己的服装文化体系。此时的男性服装在款型上比较单纯，在穿着范式上比较稳定。无论中式男装，还是西式男装，各自的款型相对稳定，变化不大，只是在领型等服饰部件上，或是服装色彩等细节上存在小幅度的差异，各自的穿戴规则也比较明确。与民国女性追逐服装上的差异和个性不同，民国男性的服装讲求的是"趋同性"，即去除个性，凸显服装共性。"趋同性的审美心理……强调个人与社会的统一，并在这种统一中确立审美心理的支撑点，确定服饰的美丑，使得中国人在很长的历史时期中不是根据自身条件和兴趣爱好来选择服饰，而是将社会的流行与他人的榜样作为自己着装的依据。这样一来，服饰显示的不是个体的审美理想，而是某种社会精神的体现 。"❷在时代激变的民国，作为社会权利主体的男性，在复杂严峻的政治和社会生活上，往往谨小慎微地定位自己的身份形象。因而，在趋同心理的作用下，男性的衣着形象比较保守，趋于雷

❶袁仄，胡月 . 百年衣裳 :20 世纪中国服饰流变 [M]. 北京 : 生活 • 读书 • 新知三联书店 ,2010:134-135.
❷兰宇，祁嘉华 . 中国服饰美学思想研究 [M]. 西安 : 三秦出版社 ,2006:23.

同。男性自觉地将其日常服饰穿戴与其社会身份，如职业、阶层等相联系，逐渐形成了同一类型人群中的相似穿戴。因此，民国男性服装有着鲜明的社会属性和明确的服饰符号。例如，长袍马褂是比较保守的男士穿戴，西装革履是亲欧美派人士或者年轻的时尚男士的穿戴，日式制服则是亲日派人士的穿戴……所以，民国的男装可以体现个人的社会身份和观点立场，男性对于服装的态度是倾向遵循主流文化下的规则和形式法则（图2-78、图2-79），并最终形成几类比较明确的男性服装视觉形象和普世印象。这种避兀趋同的男装规则，使民国男性的衣着给人"千篇一律、千人一面"之感。在月份牌中出现的男性形象，无论是身穿长衫马褂的中式造型，还是西装革履的西式风格，

图2-78 民国旧照（男性服装趋于雷同，在正式场合，以西装套装搭配领带及长袍两种典型款式。女性服装则富于变化）

图2-79 1924年，程砚秋等戏曲界名人合影（图中人物统一的白衫纸扇，营造出风流俊雅的气度风韵）

图2-80 无锡懋伦绸缎庄月份牌画

或是中西混搭，每种风格的服装变化并不明显。如图 2-80
所示，描绘的是一场西式舞会场景，男性的西装在款式上
雷同，只是在色泽上有区分。显然，月份牌中出现的男性
服饰形象，较之月份牌中的女性形象变化甚微，当与民国
社会中男性服饰趋同的实际状态有关。

三、童装的趋西化

　　月份牌画中描绘的儿童形象，无论是婴孩儿还是少年，
经常做西式装扮。图 2-81 中女童穿西式泳装，这种服装
在 20 世纪以前是绝对不曾出现过的。图 2-82 中男童穿翻
领衬衫搭配短裤、皮鞋、中筒袜。在月份牌中传统服饰装
扮的儿童形象极为少见，即使在月份牌刚刚出现的时期，
虽受传统年画影响，表现的内容是具有吉祥寓意或教化功
能的题材，但从已掌握的月份牌资料看对传统儿童形象的
描绘也是屈指可数，仅有宏兴鸬鹚菜广告《画荻教子图》
（图 2-83）等。而实际上，民国时期西式童装随着成人西
式服装的流行而被引进。自 1912 年民国政府颁布《服制草
案》以来，西服成为男性的正式礼服，并逐渐普及。至 20

图2-81 中国南洋兄弟烟草公司月份牌　图2-82 司各脱乳白鲨鱼肝油月份牌　图2-83 画荻教子图

世纪 20 年代，上海、广州、天津等大城市出现了许多专门售卖西式服装的商铺，除此以外，《申报》《良友》等报纸杂志也创立了服装专栏介绍西式服装，这些都促使了西式服装的传播。西式服装的发展，由最初的零零落落，到与中式服装平分秋色，并有后发之势。其间，儿童服装同样受到西式服装的影响，殷实家庭或是中产家庭往往会让儿童穿着款式新颖、裁剪合体的西式童装。与之相对的，在城市贫民阶层和乡村中，传统中式童装却根深蒂固，儿童以中式童装为日常的主要服装。显然，民国时期，传统中式童装与西式童装并存。但缘何月份牌中主要表现身着西式童装的儿童，却极少有传统童装打扮的形象？这与民国时期的社会大环境及人们的消费心理等多种因素有关。

其一，近代中国海禁政策逐渐开放，西方物质文明由沿海向内地城市不断延伸，在"西风东渐"的影响下，国人传统的生活方式和审美喜好发生了转变。物质方面，大量西方舶来品涌入中国市场，包括西洋服饰在内，历经了由抵触反感到慢慢接受，再到日渐普及的过程。西服套装、连衣裙等丰富多样的西方服装款式，不断冲击着中国传统服饰，同时也促进了传统服装的被动转型。在意识形态上，新文化运动和其他解放运动，推动了西方现代文明的传播。如此环境影响下，传统服装与西方服装发生碰撞，都市中的新兴市民阶层和时尚人士开始学习西方的生活习惯和服装搭配。童装方面，西化的速度也极快。西式童装因解放了对儿童身体的束缚，有益于儿童成长发育而广受公众喜爱，故在一些城市逐渐普及。

其二，民国时期，很多学者和思想家认识到中国不仅要在社会制度上变革，也需要在服装使用和款式上进行革新。张竞生曾指出"改易心理难，改易外貌易"[❶]。同时，越来越多的人开始认识到童装与成人服装的不同，不能简单粗暴地把成人服装款式缩小直接挪移到儿童身上，男性、女性、儿童的身体各部位的比例并不是完全一样的。例如，

---

❶张竞生．美的人生观 [M]．北京：北京大学出版社,2010:30–31.

在前腋下点距袖窿底点水平距离这一项中，尺寸是常量，但儿童从婴儿期到少年期随着身体的增长，在不同的年龄段体型会发生较大变化，相应袖窿围度的增加❶，这个尺寸也会随之发生变化。身体结构是服装制作的基础，服装各部件对于身体的包裹，是基于身体各部分的不同结构来实现的，而并非只是简单地覆盖了之。因而，服装与身体结构之间是一种彼此相辅相成的关系。对于儿童服装来说，只有服装符合儿童各个成长阶段的不同身体结构，儿童的身体才能真正得到解放。张竞生曾质疑"其天然直竖的骨骼已逐渐被衣服的格式所改变"，服装妨碍了儿童身体发展，"三两岁小孩就成了老成人的怪状"，束缚了儿童的体格发育，并呼吁"参酌采用欧美式"❷，选用露膝短裤与宽松短衣。也就是说，人的身体结构与活动应为服装设计的基础，而对于儿童来说，上身较短，因而短款、宽松的样式更为舒适；而儿童活泼多动，短款、适于腿部运动的下装更能满足需要。显然，西式童装不仅是当时的流行装扮，而且较传统童装更适于儿童身体健康成长的需要，更能解放儿童的身心，从而被广泛呼吁使用。

其三，作为商品宣传载体的月份牌广告画，它的创作要么是对照照片或实景以擦笔法写生，要么是月份牌画家凭借记忆与经验的个人想象创作。但无论如何，月份牌的创作宗旨是迎合市场的需求和大众的青睐，以促销商品为最终目的。这样就不可避免地会发生月份牌画家有选择性地表现画面内容的现象。当时人们向往现代生活，无论富贵或贫穷，都在追逐现代生活，月份牌画家抓住这种心态，将西式生活场景安置在画面中：西式的家庭生活、西式的社交集会、西式的家具、西式的着装……通过这些西方物质文化和现代生活方式来吸引消费者的眼球。月份牌画中的儿童着装以西方打扮为主，既是当时民国的实际国情，确有很多穿着西式童装的儿童，又是大众崇尚西式现代生活心理的外在表现，同时也是为了满足商品宣传的客观需要。

---

❶ 三吉满智子 . 服装造型学 • 理论篇 [M]. 郑嵘，张浩，韩洁羽，译 . 北京 : 中国纺织出版社 ,2006:13.
❷ 李荣，张竞琼 . 近代中国西式童装款式与结构 [J]. 服装学报 ,2017,2(5):45-50.

第六节
小结

　　月份牌中描绘了民国不同时期的人物造型和流行装扮，正如扬之水在《世纪之初的"开心果女郎"》中所说："读月份牌广告，也读出了半部'更衣记'。"❶月份牌从不同的视角，记录了民国时期的服装状貌。这个视角，代表了流行、代表了时尚，代表了大众性，它囊括了民国最流行、最受大众喜爱的服装或服饰形象。从款式上看，由于女性题材尤其是新女性形象在月份牌中占有绝大比重，所以，月份牌对于女性服饰从清末民初以来的演变，最为清晰，不仅有衣裙与衣裤的样式，也有各式旗袍，还有时尚的西式女装，无一不体现了当时的流行风尚。而在母子题材的月份牌中，对于儿童服装也有比较丰富的描绘，并呈现出倾向表现西式童装的现象。男性在月份牌中虽然是配角，却也在极为有限的男性形象中，将民国典型的三类男装表现出来。可以说，月份牌中涉及的服装或服饰风格，一定程度上确实可以反映民国服饰文化。月份牌中的服装图像记录并谱写了民国服装发展的轨迹和时尚特征，同时也揭示了民国时期时尚消费、现代生活、大众文化及流行风尚对服装发展的影响。所以，在民国服饰文化研究上，月份牌提供了丰富和珍贵的图像资料及与之相关的社会、时尚等信息。

---

❶扬之水.世纪初的"开心果女郎"[J].读书,1995(5):41-44.

Chapter 03

第三章 月份牌画中的服饰文化

　　"图像在历史中，图像也自有其历史"[1]，通过对月份牌中服饰图像的解析，一定程度上反映了民国服装的状况。而月份牌作为民国时期一种传达时尚观念和物质信息的媒介，解读其中服饰图像中蕴含的文化，可以从多个方面再现当时的社会观念、意识形态、物质生活的不同侧面。以现实生活为题材的月份牌画，大都采用对景写生的方法创作，可以看成是"照片的另一种呈现方式"。因而，月份牌中的服装图像，记录并谱写了民国的服装发展的轨迹及潮流风尚。在月份牌画中，不仅清晰地见到民国服装的流行款式，而且其中也揭示了都市消费、现代生活、大众文化及流行风尚对民国服装发展的影响。

[1]陈怀恩.图像学：视觉艺术的意义与解释[M].石家庄：河北美术出版社,2011:4.

第一节
月份牌画中的新女性形象

　　在清末民初的社会转型期，经济发展迅速，社会风气开通，中国人刚刚脱离封建社会的禁锢，对西方文明十分崇拜和向往。自1911年辛亥革命及1919年五四运动以来，中国女性的社会地位发生了重大的转变，女性开始走出闺阁，走入社会。例如，女子开始步入画坛，女性由擅绘者到画家，其身份发生了转变，成为艺坛佳话。此时，女性的生活圈子不再只是闺阁，随着社会接触范围越来越广，对服饰与化妆的需求也越来越多。而由于民国影视业的繁荣，追星也成为流行，与此同时明星的时髦前卫装束，也促发了女性对时尚的追求。所以，这种过渡时期的心理以及社会职业角色的需要，反映在女性的服饰装扮上，就是不断推陈出新，争奇斗艳。

　　作为20世纪二三十年代变化的镜像，月份牌画生动地记录了上海、天津等城市社会生活习惯的现代变化。涵盖了人们衣、食、住、行方方面面的改变，无疑也为今天了解民国服饰的变迁提供了丰富的图像数据。月份牌画家们在风行一时的时装美女题材中，捕捉了女性的服饰、妆容、发饰等多方面具有时代性的变化，并反映出中国人的审美观念和价值取向的变化，以及东西方文化在碰撞与融合后形成的文化内涵，并在人们心中构建了理想的新女性形象。

一、新女性的崛起

自民国以来，受西方平等和自由思想的影响，民国女性开始在思想和人格上追求自由。"五四运动""新文化运动"和放足、放胸等一系列女性解放运动的开展，加速了西方文化和思想的传播，促进了女性自我解放、平等独立思想的觉醒，直接推动了新女性形象的形成。自由与平等的思想彻底颠覆了传统的观念，女性冲出男尊女卑的束缚，重新审视自我的存在意义，并开始追求平等与享有权利，女性从外在到思想的枷锁终于被解开，健康的、独立的女性被认可，并受到青睐。女性跨出家庭，投身社会，从事电影业、手工业、商业、教育事业……甚至从政。女性不再依靠男性，而能独立生活，增加了女性的自信。同时，由于职业的需要，女性往往要学习更多的知识和技能，女性的素质得到一定的提高。所以，在民国，从剪短发、放天足，到脚蹬高跟鞋，身穿高开衩的旗袍，从女学生到女飞行员……报刊、月份牌等各种媒介都在宣扬，使新女性形象逐渐树立，并被社会接受。

月份牌从产生、发展到成熟的过程，不仅受到女性解放运动和女性主义的影响，而且也表现了女性形象的转变过程及民国时期的审美变迁过程。在各个时期月份牌画中出现的不同女性形象，揭示了在民国时代变迁影响之下，人们审美观念的不断变化。而月份牌中描绘的女性形象，不仅是当时最为时尚的女性形象，也是最符合当时审美的女性形象，同时也是人们心目中最为理想的女性形象。女性形象在月份牌中，摆脱了之前说教的意义和故事情节，第一次以个人身份的角色被表现，成为商品的代言，这种转变无疑也是女性独立意识和女性解放在月份牌上的印证。

月份牌在创作时，往往采用"对景写生"的方法，画家们必然会将时下最为新潮或者最受欢迎的女性形象展现在画面中，新女性形象自然成为画中不可或缺的主题。例如，在 20 世纪 20 年代，以郑曼陀为代表的早期月份牌画家，常常将生活中人们喜爱的女学生形象，作为表现对象。如图 3-1 所示为执书女学生形象，图 3-2 为执扇女学生形象。到 20 世纪 30 年代，月份牌中的女性形象又出现了新的气象，女性名人开始成为最受欢迎的表现对象，包括女明星等形象。例如，影星李丽华也为阴丹士林布做月份牌广告的代言（图 3-3）；杭穉英为"中国华东烟草公司"设计的月份牌，表现的是中国第一位女飞行员——李霞卿（图 3-4）。打扮时髦的少妇也成为 20 世纪 30~40 年代月份牌中常见的女性主题（图 3-5）。显然，月份牌中表现的女性形象从清纯女学生到知名女性，转而至时髦少妇，不仅体现出大众审美的变迁也说明大众需求对月份牌表现的女性形象所带来的与时俱进的变化。

图3-1 桃花春思图（郑曼陀绘，1920年代）

图3-2 女学生（郑曼陀绘，1924年）

图3-3 影星李丽华

图3-4 女飞行员

图3-5 幸福家庭（金梅生绘，20世纪40年代）

二、月份牌画中新女性的形象分析

月份牌从产生、流行到衰退的几十年中，以 20 世纪 20 ～ 30 年代的时尚女性题材最具代表性，也最为精彩，影响力也最大。作为一种大众艺术，月份牌中的现代女性形象，一定程度上，体现了民国时期女性的解放，展现了女性形象及时代的变迁及社会的进步与开化。从中也可以发现，民国女性的思想得到了解放，社会地位得到了提高。而且其中的女性服饰与造型的描绘，不仅反映了传统服饰制度的解体，也反映了中国服装呈现出自由化、平等化和个性化的发展特点。以下着重从发型、足饰的演变等方面，分析月份牌中女性的新形象。

1. 发型

古人对头发非常重视，有"身体发肤受之父母，不敢损伤"的观念。而发型也是古代女性形象的重要组成部分，并随着历史朝代的演变，产生了很多不同样式的发髻。有汉代的堕马髻、椎髻，魏晋南北朝时期的灵蛇髻、倭堕髻，隋唐时期的半翻髻、三角髻、双环髻……形成丰富的女性发髻艺术。而到 20 世纪初，由于受到新思想和西方文化的影响，女性也像男性一样，减去了长发，改留短发。到 20 世纪 30 年代，受西方电影的影响以及西方的烫发技术传入，烫发成为时尚潮流，进而衍生出千变万化的民国女性发型。

（1）发髻：古人"蓄发不剪"，从西周开始，人们开始做发髻，无论男女都将头发挽到头顶，结成发髻。战国以后日益普及。此后，梳髻成为女性重要的发型，并演变出丰富的发髻艺术。至清末民初，女性主要还是梳髻，常见的发髻样式有：元宝髻、一字髻、东洋髻、蝴蝶髻等（图 3-6）。而民初，由于女性服装上流行元宝领，衣领高度抵面颊，所以发髻多挽在头顶，如元宝髻和东洋髻。而到 20 世纪 20 年代以后，由于流行风尚的变化，梳髻明显减少，但从早期的月份牌画中发现，此时的女性发髻已经与传统女性的发髻在风格上，已经明显不同了，并出现中西结合的简洁卷发发髻（图 3-7）。

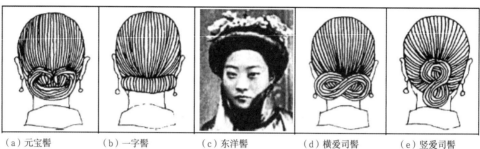

（a）元宝髻　　　　（b）一字髻　　　　（c）东洋髻　　　　（d）横爱司髻　　　　（e）竖爱司髻

图3-6　清末民初流行发髻

（a）清末民初的兜勒和发髻

（b）缠绕于耳朵两侧的发髻

（c）东洋髻

图3-7　清末民初发髻对照图（左为照片中的女性发髻样式，右为月份牌中的发髻样式）

　　（2）刘海：刘海即额前短发。清代光绪年间，女性普遍开始在前额留刘海，并逐渐衍生出很多的刘海样式。最早流行一字式刘海，即为盖在眉上的整齐样式（图3-8）。而后又流行垂丝式刘海，样式为将额前头发修剪成圆角，

（a）一字式刘海

（b）垂丝式刘海

（c）燕尾式刘海

（d）满天星式刘海

（e）卷筒式刘海

图3-8　刘海式样对照图（左为照片中的女性刘海样式，右为月份牌中的刘海样式）

梳成垂丝形状。从清末宣统开始，燕尾式刘海开始流行，即将额发分成两绺，与两侧鬓发相合，垂于两旁鬓发处，并修剪成尖角，形像燕子尾巴，故而得名。至民国初年，又风行一种远远看上去似有似无的极短的刘海，名"满天星"；还有在额发置小木梳使额发内卷，呈隆起高卷状，称为卷筒式刘海。由于月份牌一般以正面像的形式表现女性形象，因而可以清晰呈现女性的各式刘海。

（3）短发：由于受到男子剪辫以及西方风气的影响，20世纪初，女性开始剪短发。但迫于传统礼教和社会压力，短发很快就终止了，剪去长发的女性又重新续发，并开始梳起更为简洁的发髻。五四运动以后，女性寻求独立与身体解放，短发再次出现。至1926年时，由于政局不稳，女性纷纷剪发从军。1927年以后，受西方风气的影响，女性流行将头发剪短，露出耳朵和颈部，短发大行其道。女子剪发后，常用缎带或者珠翠宝石做的发箍束发。最为流行的短发样式是女学生头，即额前留有齐眉刘海，两鬓垂耳的短发，学生头也被看成新女性的时代象征（图3-9）。

（a）齐鬓式短发

（b）学生头

图3-9 短发样式（左为照片中的女性短发样式，右为月份牌中的短发样式）

（4）烫发：20世纪30年代，由于西方烫发技术的传入，以及西方电影的明星效应，短发不再时髦，取而代之的是女子烫发。起先，民国女性以火钳放在火里烧烫，然后再在头发上夹出一卷卷的波浪。电烫出现以后，烫发更为便捷，且烫出的波浪非常有规律，富有层次感，并演化出很多不同造型的烫发，以波浪式为主，有长波浪式、油条式、反绕式、小卷烫发等（图3-10）。当时的都市女性除了模仿西方和明星将头发烫成卷曲造型以外，还将头发染成红、黄、棕、褐等各种颜色。女性烫发在月份牌画中也是屡见不鲜的造型，可见当时烫发十分流行。

（a）中长波浪式烫发

（b）油条式烫发

（c）小卷烫发造型

图3-10 烫发样式（左为照片中的女性烫发样式，右为月份牌中的烫发样式）

2. 足饰

缠足是中国封建社会特有的一种陋习。关于缠足最早的记载发生在南唐后主李煜时期，为了让舞女窅娘脚型更好看，而将脚包裹住，但并未伤筋动骨，也并未在女性中普遍推行。至北宋时期，有闲阶层的女性才真正开始缠足，而缠足风俗兴起则始于南宋（图3-11）。苏轼《菩萨蛮》词中言："纤妙说应难，须从掌上看"，辛弃疾《菩萨蛮》有："淡黄弓样鞋儿小，腰肢只怕风吹倒……"，都是描绘女性缠足的。元代，缠足继续向纤小的方向发展。明代，缠足持续，并在各地迅速发展。清代，缠足到了登峰造极的地步。社会各阶层的汉族女性，无论贵贱无不缠足，缠足陋习盛行，社会风气以小脚为判断女性美的标准。女子缠足从四、五岁时便开始，一般用长为八尺到十尺以上的布帛，将除大拇脚趾外的其他四趾朝脚心拗扭，而后紧紧扎缚双脚，使足部骨骼变形，形成缩小屈曲的脚形。直到成年骨骼定型后方将布带解开，也有终身缠裹。由于缠足后女性脚型发生变化，所穿的鞋履为尖头缩小的造型，被称为"莲鞋"。这种鞋子鞋头尖，鞋底内凹，形状似弓，又名"弓鞋"（图3-12）。明清时期的弓鞋还普遍采用高底造型。这种以小脚为美的审美观念，是古代男性审美情

图3-11 戏剧人物图（局部）

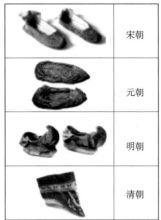

	宋朝
	元朝
	明朝
	清朝

图3-12 各朝弓鞋

趣的扭曲，女性缠足与封建社会男尊女卑的传统观念和社会风气有着密不可分的关联。缠足不仅束缚了女性的双脚，伤害了女性的身体，也禁锢了女性的意志、思想和活动。鸦片战争以后，大量留学生受新式思想和新式文化的影响，渐渐对缠足陋习产生反感。而随着国门被打开，很多西方人也来到中国。最早抨击缠足习俗的就是西方传教士，他们在教会和西方商人创办的报刊上批评女性缠足。1875年，英国传教士在厦门组织了中国第一个"戒缠足会"。而后1897年，谭嗣同、梁启超等在上海成立了全国性的"不缠足会"，宣扬放足。到20世纪20年代，小脚基本得到解放，新女性的脚为天足，行动自如，她们不再囿于家中，纷纷投身社会。

民国初年，放足后的女性穿平底鞋，只有少数极时髦的名媛贵妇才穿价格不菲的西式高跟鞋。最初的平底鞋有圆头和方头，后来仿照高跟鞋样式做成尖头平底鞋，类似今天的船鞋，深受欢迎。而民国电影业极为繁荣，女明星的穿戴，成为都市女性追捧的风尚。当时女明星常在影片中穿高跟鞋，而后高跟鞋很快流行。至20世纪30年代，高跟鞋成为时尚，并有多种款式。

月份牌画中对清末民国时期女性从缠足到放足，从三寸金莲到天足的变化，都有很直观的描绘。20世纪初期，女性仍被缠足束缚（图3-13），辛亥革命后，缠足陋习被制止。从20世纪20年代开始，女性身上穿中式女装，但脚上却蹬了西式的女式皮鞋（图3-14、图3-15）。到20世纪30年代，女性开始以脚蹬高跟鞋为流行与时尚，甚至有人穿上了三寸高的高跟鞋（图3-16）。

三、教育与新女性形象

1. 女性教育的演进

中国最早的女子教育始于西方传教士开办的教会女校。19世纪末，大量西方传教士涌入国内，在中国设学堂、开医院、办报纸，还在中国提倡女学、办女校。1844年，英国"东方女子教育协进会"在宁波开办了第一所女子学

图3-13 月份牌中的裹足女性

图3-14 灯塔香烟月份牌（何超绘，20世纪20年代） 图3-15 白猫牌舞袜月份牌（张碧梧绘，20世纪40年代）

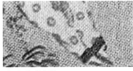

（a）清末民初　　　　　　　（b）1920年代　　　　　　（c）1920年代　　　　　　（d）1930年代

图3-16 清末民国时期女性鞋子的演变

校。而后出现了"教会所至，女塾接轨"的局面。教会女校的开设，打破了女子无学的状况，并使维新派、开明士绅、归国华侨、留学生等爱国人士，认识到女性教育的重要性。例如，郑观应在《盛世危言•女教》中建议"广筹经费，增设女塾"[1]，指出女性教育的重要性，批判"朝野上下间，拘于'无才便是德'之俗谚，女子独不就学，妇工亦无专师。其贤者稍讲求女工、中馈之间而已"[1]，希望改变女子无学的现状。维新派也积极推动女性教育，甚至指出女性教育事关国家前途。梁启超认为"不识一字，不读一书，然后为贤淑之正宗，此实祸天下之道也"[2]。"如曰无才即是德云尔，则夫乡僻妇妪，不识一字者，不啻千百亿万，未尝闻坐此之故，而贤淑有加"[2]，并指出"吾之所谓学者，内之以拓其心胸，外之以助其生计，一举而获数善，未见其于妇德之能为害也。"[2]同年，在《倡设女学堂启》中，梁启超把相夫教子、宜家善种作为新女性的标准，指出"上可相夫，下可教子，近可宜家，远可善种，妇道既昌，千室良善，岂不然哉！岂不然哉！"[3]梁启超提倡兴办女学，认为女性只有通过学习，才能承担起"母教"的责任，"西人分教学童之事为百课，而由母教者居七十焉，孩提之童，母亲于父，其性情嗜好，惟妇人能因势而利导之，以故母教善者，其子之成立也易；不善者，其子之成立也难。……故治天下之大本二，曰正人心，广人才。而二者之本，必自蒙养始；蒙养之本，必自母教始；母教之本，必自妇学始。故妇学实天下存亡强弱之大原也。"[2]也是在1898年，国人自主创办的第一所女子学校——"经正女塾"在上海成立。该校以"上可相夫，下可教子，近可宜家，远可善种，妇道既昌，千室良善"为办学宗旨，教学内容包括中文、西文、算学、医学、法学、女红等，并附设幼儿师范。由此掀起了国人兴办女学的热潮，开启了中国女性教育的

[1]郑观应. 盛世危言 [M]. 曹冈, 译. 呼和浩特：内蒙古人民出版社，2006：32-33.
[2]梁启超. 变法通议 [M]. 何光宇, 评注. 北京：华夏出版社，2002：89-92.
[3]吴昭莹. 从上海《月份牌》看近代中国女性妆饰与女性意识的演变 [D]. 屏东：屏东教育大学. 2010：133.

新篇章。1901 年，蔡元培等人在上海开办爱国女学；1902
年吴馨在上海创办了务本女塾……此时兴办的女学多集中
在东部沿海和通商口岸，以上海为最多，一般皆具有相当
规模。在兴女学的大势之下，1904 年 1 月清政府公布《奏
定学堂章程》，即《癸卯学制》，将女学纳入家庭教育之
中，女子"只可于家庭教之，或受母教，或受保姆之教"。
1907 年，清政府先后颁布《女子师范学堂章程》及《女子
小学堂章程》，将女性教育正式列入学制系统，开始被广
泛推行。至民国初年，除女子小学及女子师范学堂外，又
开始增设女子中学。1912 年，金一在《女界钟》中提出女
子教育的具体目的，为"一、教成高尚纯洁，完全天赋之
人。 二、摆脱压制，养成自由自在之人。三、教成思想发
达，具有男性之人。四、教成改造风气，女界先觉之人。五、
教成体质强壮，诞育健儿之人。六、教成德行纯粹，模范
国民之人。七、教成热心公益，悲悯众生之人。八、教成
坚贞节烈，提倡革命之人。"[1]这里他指出女性接受教育，
应以养成人格，发展个性，并将救国为女子教育的最终目
的。从清末民初的兴女学来看，虽然在受教育程度上男女
仍有明显差距，但女学的创设与规模却不断扩大，女子教
育与以往已有颠覆性的突破。

　　五四运动时期，女性教育又得到进一步推进，开始提
倡男女在教育上的平等，以发展女性个人本能为教育目标。
李光业在《今后的女子教育》中指出："今后的女子教育，
必须陶冶她们对于人生有正确的理解，对于自身乃至人生，
能有一种自觉和信念，怀健全的人生观世界观，遇事能具
有确切的判断力，使她的人生，十分完满。因此，一方面
对于物理化学和数学等实用的知识，使之丰富；他方面对
于思索力和论理力，也不可不为有效的陶冶，所以关于此
两方面的学科，像数学理科等，不可不重视；同时对思想
的论理的读物，也不可不注意。在修身教授上，不仅限于

---

❶金一. 女界钟 [C]// 李又宁，张玉法. 中国妇女史论文集. 台北：台湾商务印书馆，1981：347.

通俗的伦理谈和实践道德论，而于人生问题，思想问题，也不可不使之时常接触。此外关于国家，世界的活状态的知识，更不可不加涵养。因为现代的时代，对于自己国家和世界大势，不但男子当具有明确的自觉，女子也当有明确的自觉。"**●**其中列举女性学习的内容从实用到思想，从修身到时事，无所不包。可见，此时的女性教育，已不再只为"母教"，而是以提高女性的自我价值为目标。相较于清末以培养贤妻良母为主的教育而言，五四运动以后的女性教育视野更为开阔。尤其是在五四运动以后，男女平等思潮的兴起，越来越多的人开始提倡大学男女同校。罗家伦在《大学应当为女子开放》中阐明："为增高女子知识起见，大学不能不为女子开放"**❷**。1919 年底，南京大学教务长陶行知提出女子师范旁听办法，容许女生旁听。蔡元培先生也指出："大学之开女禁问题，则余以为不必有所表示。因为教育部所定规程，对于大学学生，本无限于男子之规定——即如北京大学明年招生时，倘有程度相合之女学生，尽可报考。如程度及格，亦可录取也。"**❸**大学女禁的解除，使得女性能够接受高等教育。1931 年 5月，民国政府明确规定"中华民国国民无男女、种族、宗教、阶级之区别，在法律上一律平等"以及"男女教育之机会一律平等"，女性不论在法律、教育机会均与男性平等。至此，女性从传统作为男性的附属品中彻底独立出来，走出闺阁，走进社会，得益于女性教育的推行。

2. 月份牌画中的知识女性形象

20 世纪 20~30 年代，虽然走入学堂的女性日益增多，但女性受教育仍旧无法普及。而广受喜爱且发行量可观的月份牌，其中表现的新女性形象，则成为广大不识字女性

---

❶ 李光业. 今后的女子教育 [J]. 妇女杂志，1922（2）：22.
❷ 罗家伦. 大学应当为女子开放 [N]. 晨报，1919-5-11.
❸ 蔡孑民先生外交教育之谈话 [N]. 中华新报（上海），1920-1-1.

了解新思潮和新风尚的主要途径。因此，月份牌中传达的
新女性形象，对普及女性解放思想，具有重要的现实意义。

女性受教育，除了能识字、能言之有物，也能增强女
性的自信。图 3-17 为清末月份牌，画中的女性造型拘谨，
双脚缠足，表情羞怯。图 3-18 为 20 世纪 10~20 年代月份
牌中的知识女性形象，有的手拿书籍，有的正在聚精会神
地阅读。各图中女子皆留有简单的发髻，服装样式简洁，
身体姿势更为自然。且有的女子眼睛正视画面，流落出自
信的神态。图 3-19 创作于 20 世纪 30 年代，此时女性受
教育更为普遍，图中年轻女性的情态风貌显得尤为自信而
从容。她们身穿当时极为流行的阴丹士林旗袍或阴丹士林
裙装，已不再梳发髻，而是剪了短发或烫了卷发，为典型
的新时代知识女性形象。图 3-20 中的女性形象较以往又
有了新的气象：女性的容貌已经不再是传统的样子，头上
是烫了卷的短发，眼睛已非传统的丹凤眼，而是弯眉大眼，
并且直视观者，露出了自信、乐观的笑容，连洁白的牙齿
也露了出来，这在以往的任何绘画作品里是从未出现过的。
身体的姿态也不再拘谨，手臂自然打开，无处不散发着自
信的色彩。显然，月份牌画中的女性形象是展现近代女性
教育推进情况的图像印证：在早期的月份牌画中，女性多
表现为传统的丹凤眼、表情羞涩的拘谨样子；而自西方文
化得到传播和女性教育被推广以后，月份牌中表现的女性
形象也随之发生了重要变化，双眼变为浓眉有神的大眼睛，
并直视着画面，变得自信起来；到 20 世纪 30 年代以后，
女性的容貌神态更是散发着自信而乐观的气息，摆脱了传
统思想的枷锁。

图3-17 清代月份牌（作者不详）

图3-18 20世纪10~20年代月份牌中的知识女性形象

图3-19 20世纪30年代月份牌中的知识女性形象

图3-20 威廉士医生药局月份牌（稚英画室绘）

第二节
月份牌画中的男装之变

在早期的月份牌画中，身着古代服饰的男性形象在一些表现传统题材的月份牌中，并不鲜见。而到了 20 世纪二三十年代以后，在月份牌发展的鼎盛和成熟时期，由于商品宣传的需要，月份牌要迎合大众品味和市场需求，因而此时很少能看到以表现男性形象为主的月份牌了，男性一般都是作为女性形象的陪衬与配角而相伴出现。尽管如此，在极少的描绘男性形象的月份牌中，仍旧可以探寻到民国时期主要的男装款式。并与民国男性着装的实际状况相吻合，呈现出中西并举的趋势，以及反映在男装中的务实精神。

一、中西并举

月份牌中所表现的穿着中式服装的男性形象，在数量上，不如穿西式服装的男性形象多。这不仅是为了迎合民国时期人们追求西方物质生活的消费心理，也是民国服饰中西并存的实情表现。从款式上看，月份牌中描绘的中式男装基本都是长袍马褂的基础款，造型简单、装饰简洁，基本与传统中式男装的传世实物及老照片中的中式着装男性形象一致（图3-21）。由此可以发现，中式男装的传统款式虽在民国被承袭下来，但随着封建礼俗的革除，传统服装的人文内涵不复存在。尽管民国还保有中式男装，但与古代男装已是大相径庭，呈现出明显的衰萎之势。

在"兴举西学，救国图存"的民国思潮中，人们的意识形态与审美趣味发生了变化，新的文化、新的观念不断地挑战着传统。中式男装在此时产生了更符合民国时代气息的服饰造型和美学韵味。而在此以前，传统男装一直延续着古代服饰一贯的艺术精神与审美特征，及"'见文、见趣、见蕴'为美，具有'尚贵、尚巧、尚雅'的美学原则"❶。

其中，"尚贵"一则体现在衣料的富贵上。古时有权和有钱阶层皆以丝帛为主要的服装面料，而且各色种类极为丰富。例如，"清代锦缎品种多，仅就故宫收藏初步估计，绫、罗、绸、缎、纱及各种单色和复色锦缎，特别精美的不下千种，每种都各有特色。"❷二是表现在纹彩华美上。例如，清代男装服色章纹配伍承袭汉族服饰美学，"服色除了明黄、金黄、香色不能用外，他如天青、玫瑰紫、深绛色、泥金、膏梁红、樱桃红、浅灰、棕诸色，都是人们喜用的色泽……其他如浅色青、蓝、绿、月白、大红、轻

图3-21　集体婚礼月份牌与上海第一届集体婚礼照片（即使是在隆重的结婚庆典上，传统中式男装仍旧是长袍马褂的基本款，装饰极为简洁）

❶张羽. 民国男性服饰文化研究 [D]. 上海：上海戏剧学院，2014：23.
❷沈从文. 龙凤艺术 [M]. 北京：北京十月文艺出版社，2010：137.

红等都没有什么规定。不过红色仍作为喜庆之色，新娘等仍服之。"❶如图 3-22 所示，服装色彩的华美可见一斑。

"尚巧"即古代服装在服装的结构、剪裁、缝制、装饰等方面，以女红奇巧技艺为上，以求服装精美、规范，使服饰于精工巧艺之间、通灵显性之中，尽显美态。例如，北京故宫博物院藏清康熙石青缎四团缉珠云龙纹皮褂（图 3-23），"前胸、后背及两肩用珍珠、珊瑚珠、猫睛石缉缀云龙纹四团，并以白和月白色龙抱柱线勾勒轮廓。此袍构图庄重。珠粒均匀饱满，串珠细密紧凑，团龙直径达 29 厘米。通过米珠与珊瑚珠的结合运用和石青缎的衬托，使图纹更为鲜明突出。"❷

"尚雅"是指在古代服饰中的雅韵风格。中国传统服装不仅讲求工艺的精美，面料的华贵，也有尚文尚趣的别

图3-22 清代织锦

图3-23 清代石青缎四团缉珠云龙纹皮褂（故宫博物院藏）

---

❶周锡保. 中国古代服饰史 [M]. 北京：中国戏剧出版社，1984：510.
❷张琼. 清代宫廷服饰 [M]. 上海：上海科学技术出版社，2006：36.

图3-24 慈禧太后下棋图（故宫博物院藏） 图3-25 酸寒尉士
图（任伯年绘）

样趣味。例如，清代男子多在腰间系精巧的荷包等配饰，以显示温文儒雅的气质（图3-24、图3-25）。另外，古代审美取向的传播，往往是以宫闱贵族的审美为主导，由上自下传播，而后传到民间仿效。"民间服饰虽然广泛流传于市井乡间，但它却常常受到上层服饰艺术的影响和启示。一方面是礼仪制度所规定的服饰，被变化演绎成为民间服饰，另一方面是上层服饰的某些新形式被吸收到民间服饰中来，较为典型的是受帝王审美观喜好的左右和上层社会华美服饰的影响以及不同时期文化艺术风格的浸润等，这体现了服饰由上而下的流通。"❶所以，古代男性服装是以权贵阶层的审美观为标准，表现在"尚贵、尚巧、尚雅"三个方面。

而至近代鸦片战争后，男性服饰追求的尚贵、尚巧、尚雅的古典风尚也发生了根本性的变化。《先施公司二十五周年纪念》中记载："民国三四年男女衣服又趋重沿镶。有四层镶、五层镶、至十三层十五层镶者……八年春……男女

---

❶诸葛铠. 文明的轮回：中国服饰文化的历程 [M]. 北京：中国纺织出版社，2007：139.

衣服之剪裁，又去其沿镶，厌繁复而尚简洁；九年……尚自然美；十年春……男女青年衣服，竟尚单色美。"❶民国男性服饰秉持"简、敛、肃"的美学原则，工艺去繁从简、色彩深沉收敛，神态整肃严明（图3-26）。

在为数不多的表现男性形象的月份牌画中，相比较而言，西式男装的造型要比中式男装的多。这不仅与民国西式服装流行的国情有关，也是月份牌画家为了迎合大众消费的具体表现。然而，西式男装在中国的传播，经历了从

图3-26 民国身穿长袍的男性形象

无到有的过程，这一转型看似短暂，却并非一蹴而就，也并非通行无阻。大致上，西式男装在中国经历了清末的发端，至民初的磨合，至20世纪30年代后基本定型，这一过程是从鄙弃到正视，从强制到自觉接纳。

西方服饰开始进入中国视野，大致是在鸦片战争以后。辛亥革命之前，国人对西式服装的态度秉持"鄙夷之俗，

❶屈半农.二十五年来中国各大都会妆饰谈 [C]// 先施公司二十五周年纪念册 . 香港 : 商务印书馆 ,1925:307-308.

而习之技"。"惜夷服太觉不类，男人浑身包裹紧密，短褐长腿，如演剧扮作狐、兔等兽之形……真夷俗也"❶。而最先西化的是军装，主要是战争和实用的需要。军装改革可以追溯到北洋海军的服装新制。军警制服一并采用西式（图3-27）。

至辛亥改元，气象一新。民国政府急需树立一个崭新的形象来宣告与旧制度的决裂。民国初年的剪辫通令附有改朝换代的政治使命，从此进入了新的纪元。而后，择服教化成为当务之急。然而，西服之制毕竟方兴，民间依传统习俗一时难变，仍以着长袍马褂者居多。

20世纪20～30年代风云迭变，国人的衣着穿戴却在此刻获得了相对宽容的环境。此时，古典服制旧制已被废除，中与西之间不断磨合。此时期男性的服装，不再像民

图3-27 清末巡警教练毕业合影（皆着西式制服）

❶袁仄，胡月.百年衣裳:20世纪中国服饰流变[M].北京:生活•读书•新知三联书店,2010:135.

初时那么胡穿乱搭，而是形成了一套穿搭范式。中西并存，折中融合，传统服装被改良，西式服装被吸纳，中、西式样各遵其制。这十年间，男性服饰形象的定位逐渐成熟明朗，确立了以中式长袍马褂、西式西服套装、改良中山装、军装以及各式学生装为主的款式，并形成了特定的服装符号。

从20世纪40年代开始，战争如火如荼，在战争环境中，男性的服装更加注重款式的单纯干练和便捷实用，基本与20世纪30年代的男装风格差别不大。但由于实用的需求，男装中又呈现出向西式服装偏向的趋势。

二、符号与社会身份

在月份牌画和民国时期的其他广告宣传中，西式着装的男性形象常常被表现成女性的温柔伴侣（图3-28）。这无形中使男性外表产生了更加刻板的印象。曹聚仁写道："当三大公园未开放时，穿西装的可以昂然而入；市政厅音乐，穿西装的可以昂然而听；跑马厅赛马，穿西装的可以昂然而看；洋人迎面来，穿西装的可以昂然而谈，以视低等华人之吃雪茄外国火腿者何啻天壤之别。"[1]穿着西装被理解为成功有为的美好形象。相反，穿着传统中式服饰的男性形象则被认同为保守、落后的符号。

在民国，"男装的社会性根源于服饰以男性参与各种社会生活为前提，并满足各种社会身份的需求"[2]。一般而言，长衫马褂被看成是文化人、有修养的人或者长者及保守人士的装扮；西式服装则是西化、时尚的代名词；短衣长裤成为劳动阶层和身份低微的人的服饰符号；在都市生活的人多穿平整精密的洋布服装，在农村的则为土布粗衣，男性服装被赋予了"类型化"的划分，如"上着衫袄，下着裤，这是一般民间百姓的衣着，通常是下

图3-28 雅昌绸缎商店月份牌

[1] 曹聚仁. 北平与上海 [M]. 上海：上海天马书店 ,1935.
[2] 华梅. 服饰社会学 [M]. 北京：中国纺织出版社 ,2005:41.

层人的穿法"❶（图3-29）。月份牌中出现的男性形象造型，也是在默默遵循着民国男性社会形象"类型化"原则（图3-30）。

徐国桢在《上海生活》中描述："学生、商人及新式职员穿西装及中西合璧式（如中山装、学生装）为多；旧式店员穿中式为多，工人大多数以蓝布衫裤为标志；苦力衣衫褴褛，多穿缀满补丁的旧布短衣，却戴阔帽；游民穿的不伦不类。有部分人也穿绸着缎宽袍大袖，多素色，帽子歪戴，衣多袒胸。"❷显然，民国男性的衣着形象是男性在社会群体中生存方式的体现。例如，长衫马褂则成了守旧的象征。张竞生在《美的人生观》里评价："国老病夫的状态不一而足，而服装是此中病态最显现的一个象征。男的长衣马褂，大鼻鞋，尖头帽，终合成了一种带水拖泥蹩步滑头的腐败样子。"❸故而，不同意识形态的外化形象就体现在男装的类别化上。

图3-29 民国"短打扮"

图3-30 月份牌中的两种典型男性形象——长袍马褂、西服领带

❶袁仄.中国服装史[M].北京：中国纺织出版社,2005:142.

❷华梅.中国近现代服装史[M].北京：中国纺织出版社,2007:69.

❸张竞生.美的人生观[C]//张竞生文集（上卷）.广州：广州出版社,1998:37-39.

第三节
月份牌画中的服饰与时尚文化

　　现代意义上"时尚"的概念，在中国出现大致是民国时期。尽管在中国古代也有类似"流行"的现象发生，但其往往是自上而下的、由上层社会向普通民众的方式传播。例如，楚王好紫服，一时间楚国紫色风行。这种风靡一时的现象，不如说是由统治阶层审美喜好决定的风向，从发生和传播方式、影响力上来说，都与"时尚"的本意有差。而"时尚"在民国的传播，并不是由社会内部自身发展而来的，而是在西方文明冲击下的被动接受。从清末民初，国家的政治、经济、思想与文化都进入了现代转型期，导致人们的生活环境与生活方式发生了巨大变化，价值观与审美标准也逐渐发生转变。对西方的态度发生了由鄙夷到崇尚的改变，西方的服装、西式的家具等生活日用品，西式舞会、高尔夫运动、游泳等生活方式，都被看成是朝思暮想的时髦，成为时尚的象征。

　　在民国时尚文化的推广中，月份牌功不可没。以商品营销为目的的月份牌，为了满足消费者的喜好，将时下最受大众欢迎的元素表现在画面中，如装饰有电话、钢琴、壁炉等豪华而现代的西式室内陈设（图3-31），舞会、骑马、游泳、高尔夫球等前卫的娱乐消遣活动等（图3-32）。从文化传播上看，这些月份牌被悬挂在家里，既可以作为美化家居环境的室内装饰，又可以用来看日期，还能经常看到月份牌画中所描绘的让人憧憬的上流社会生活。日积月累，月份牌画中的时尚元素潜移默化地烙印在人们的脑海里。显然，为了实现其自身的商业价值，月份牌不可免"俗"，它以大众喜好和审美趣味为导向，集商业实用功能与视觉美感为一体，将时髦的西式装扮、现代的西式生活表现在画面中，成为传播流行文化和时尚文化的艺术载体。

图3-31 月份牌中的西式室内陈设

图3-32 月份牌中的现代娱乐消遣活动

一、"摩登"成为月份牌画中人物服饰的特色

"摩登"一词是理解20世纪30年代上海文化的一个重要关键词。关于"摩登"在民国上海的出现，《申报月刊》第3卷3号（1934）的"新辞源"栏中曾有解释："摩登一辞，今有三种的论释，即（一）作梵典中的摩登伽解，

系一身毒魔妇之名；（二）作今西欧诗人 James J·Mc
Donough 的译名解；（三）即为田汉氏所译的英语 Modern
一辞之音译解。而今之诠释摩登者。亦大都侧重于此最后
的一解，其法文名为 Moderne，拉丁又名为 Modernvo。言
其意义，都作为'现代'或'最新'之义，按美国韦勃斯
脱新字典，亦作'包含现代的性质'，'是新式的不是落伍的'
的诠释（如言现代精神者即称为 Modern Spirit）。故今简
单言之：所谓摩登者，即为最新式而不落伍之谓，否则即
不称其谓'摩登'了"❶。从此处可以看出，"现代"和"时
髦"是摩登的两个最主要特征。"'现代'的一切玩意儿
都可以看成是'时髦'的'摩登'。而严格意义上的'时尚'
在现代历史中正式确立的标志，便是'摩登'的'时装'
工业在西方社会中垂涎建立。"❷而民国相对宽松的历史
氛围和社会条件，"给时尚文化的粉墨登场创造了足够的
条件"。❸田汉先生对于民国的摩登现象，这样评述："那
时流行'摩登女性'这样的话，对于这个名词也有不同的
理解，一般指的是那些时髦的所谓'时代尖端'的女孩子们。
走在'时代尖端'的应该是最'先进'的妇女了，岂不很好？
但她们不是在思想上、革命行动上走在时代尖端，而只是
在形体打扮上争奇斗艳，自甘于没落阶级的装饰品。我很
哀怜这些头脑空虚的丽人们，也很爱惜'摩登'这个称呼，
曾和朋友们谈起青年妇女们应该具备和争取的真正'摩登
性'、'现代性'。"❹显然，摩登的"现代"意义被模糊，
而成为"形体打扮"的标签。

那么，摩登与民国时期的月份牌画中的服饰又有何联
系？"摩登"一词是西方文明对都市生活影响而产生的新
兴词汇，其包括意识形态与物质两个层面的含义。而随着
西方物质文明和文化思潮逐渐在国内得到认可以后，"新

---

❶ 新辞源.申报月刊（上海),1934-3.
❷ 乔安尼·恩特维斯特尔.时髦的身体——时尚、衣着和现代社会理论 [M].郜元宝,等,译.桂林：广西师范大学出版
社,2005:49-50.
❸ 刘清平.时尚美学 [M].上海：复旦大学出版社,2008:35.
❹ 田汉.三个摩登女性与阮玲玉 [C]// 田汉文集.北京：中国戏剧出版社,1984:464.

教育兴，旧教育灭；枪炮兴，弓矢灭；新礼服兴，顶翎补服灭；剪发兴，辫子灭；盘云髻兴，堕马髻灭；爱国帽兴，瓜皮帽灭；爱华兜兴，女兜灭；天足兴，纤足灭；放足鞋兴，菱鞋灭；阳历兴，阴历灭；鞠躬礼兴，跪拜礼灭；卡片兴，大名刺灭；马路兴，城垣卷栅灭；律师兴，讼师灭；枪毙兴，斩绞灭；舞台名词兴，茶园名词灭；旅馆名词兴，客栈名词灭"❶，致使民国的社会面貌发生了巨大变化，舶来品与摩登生活建立了对等关系，在月份牌中二者得到了完美的统一。尤其是 20 世纪 20 ~ 40 年代的月份牌中，女性的穿着打扮，包括天足、高跟鞋、短发、烫发、高开衩的旗袍等（图 3-33），正是"摩登"与现代生活的写照。月份牌上的"摩登女郎"也因此成为"摩登"的代言人。由于月份牌画宣传的商品，以及月份牌中表现的时尚穿戴，往往并不是普通人能消费得起的，尤其是舶来商品。这就使月份牌画宣传的商品，以及月份牌中表现的时尚穿戴，成为富裕和时尚的象征。而能够占有和享有月份牌中的商品，便让人觉得也会像月份牌中的摩登女性那样时髦起来。另外，社会中的摩登现象也对月份牌的创作有一定的作用。月份牌以对景写生或摹画照片为创作方法。无论其中的男性、女性，还是儿童形象，都是以当时的摩登人士的形象为模仿对象，摩登对月份牌创作的影响可见一斑。

图 3-33　五洲固本肥皂广告（杭穉英绘，20 世纪 40 年代。图中的摩登女性身穿高开衩半袖长旗袍，脚蹬高跟鞋，头梳波浪烫发，为当时最时尚、最摩登的打扮）

二、月份牌画中的"时尚"

中国现代意义上的"时尚"的概念，大致出现在民国时期。月份牌广告画中所要宣传的商品，如阴丹士林布等纺织面料、双美人牌化妆品、长筒靴、大檐女草帽等，很多都是时下最为流行和广受喜爱的（图 3-34）。显然，在民国时尚文化的传播上，月份牌绘画起到了推动和促进的积极作用，它代表了当时社会审美与时尚追求的整体趋向。以下从两个角度具体分析。

❶资料来源于 1912 年 3 月 5 日《时报（上海）》。

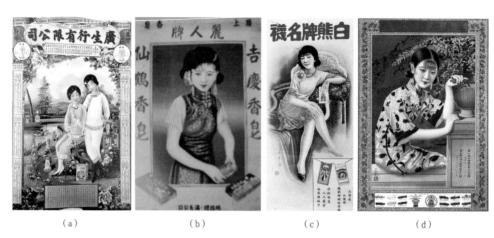

（a）　　　　　　　　（b）　　　　　　　（c）　　　　　　　（d）

图3-34　月份牌中宣传的时尚商品[（a）香港广生行化妆品月份牌（佚名绘，1921年）；（b）丽人牌香皂月份牌（佚名绘）；（c）白熊牌名袜月份牌（佚名绘，20世纪40年代）；（d）正泰橡胶制物厂月份牌（杨之光绘，20世纪20年代）]

1. 西式的现代生活

　　西方的坚船利炮打开了中国在政治、经济上的封闭状态，紧接着在生活上也大大地改变了中国人的习惯。一些新发明的日常器用或西式习惯，带给国人很大冲击，从恐惧、拒绝到接受、使用。尤其是西方的物品充斥在上海人的日常生活以后，月份牌可以说是对西方新事物和新生活的宣传和写照。

　　在生活器用方面，电灯、电风扇、熨斗、收音机、留声机、电话、手电筒、火柴、肥皂、橡胶等的出现，不但使人们的日常生活更为便利，同时也改变了上海市民的休闲娱乐习惯。当然，西洋发明不是样样都被描绘在月份牌上，但是从出现在月份牌上的物品来看，上海几乎可说是一应俱全。例如，1878年中国人开始使用电灯，历经了半个世纪以后，在1920年代以后的月份牌中，才经常可见电灯（图3-35）。

　　在室内陈设方面，月份牌中大量出现西式的设计居所，不论室内或室外，皆有别于中式传统布置。如图3-36所示的孔明电器行月份牌，处处可见洋味十足的室内装饰：有沙发、窗帘、各式电器、西式门框及窗户，除了画中人

图3-35 月份牌中的电灯

图3-36 孔明电器行广告（谢之光 绘，1940年）

图3-37 回春堂健胃固肠丸月 份牌（谢之光绘，1931年）

物和地毯上的中国字，其余几乎都是西洋物品。1931年谢之光为回春堂绘制的月份牌情况亦同（图3-37），还有西式的壁炉和繁复的艺术吊灯，美轮美奂的程度，甚至不是现代一般家庭所能负担得起的。

在休闲生活方面，逛公园、跳舞、弹奏钢琴、喝下午茶以及从事各类新兴运动项目，皆是当时上海受西风影响而尝试的新式休闲。在月份牌中有许多人物的活动背景有时是自然环境，有时加上一些人工景观，有时人物手中会

拿着乐器或书本。显然，消遣场所的休闲娱乐活动已经很
普遍，如逛公园。"公园"也是外来词汇，由英国传入，"但
刚开始租界的公园并不对中国人开放，直到 1928 年以后，
并且开始收售门票。于是逛公园、到公园野餐或拍照，成
为上海市民户外活动的新时髦"❶。"根据上海市政府的
统计，从 1928 年的 6～8 月，参访上海公共花园的人数
超过 162 万人，而到了 1930 年更突破 200 万人次"❷，私
人公园不计在内。这样惊人的数据表示，上海人经常到户
外活动，而公园等自然景致出现在月份牌中，势必也迎合
了都市生活和趣味。图 3-38 为灯塔香烟广告，图中女性
身穿中式长裙搭配马甲，脚蹬皮鞋，手执扇子，置于树下，
旁边为湖水，远方有中式房屋与拱桥，表现的是女性休闲
游玩的情景。而像喝西式茶、喝洋酒、在舞厅跳舞、打牌
（图 3-39）等，也都是因为西风东渐而成为上海市民生活
的一部分。至于西方运动项目的传入，更是改变了上海市
民的休闲习惯。

图3-38 灯塔香烟广告（何超　图3-39 明星消遣图（金肇芳绘，20
绘，20世纪20年代）　　　世纪40年代）

---

❶邱处机.摩登岁月 [M].上海：上海画报出版社,1999:159.
❷李欧梵.上海摩登 [M].毛尖,译.北京：北京大学出版社,2001:31.

2. 时尚的都市女性

中国古代的女性一向被要求三从四德，依附于男权为主的社会体制之下，没有独立的人格、思想，经济上更是缺乏自主性，在政治上更无涉足的可能。然而，当西方教会势力进入中国后，传教士渐渐为中国妇女打开禁锢已久的桎梏，让妇女成为社会上可以发声的一分子。开女子教育风气之先的就是教会成立的女子教育机构。而后，维新派及爱国人士等也开始提倡女性教育。例如，康有为、梁启超、严复等维新人士，以提倡女子教育是当务之急。梁启超在 1896 年发表的《论女学》中，提到"西人之强、日本之勃兴皆得益于男女平权及女学之提倡""女学之最强盛者，其国最强"。光绪二十四年（1898 年），中国人在上海创办了第一所女子学校——"经正女学"，而后各地女子学堂纷纷创立。同时，专门的女性读物和报纸杂志也陆续创立。例如，1907 年，秋瑾在上海创办《中国女报》《女子世界》等报刊，提倡女性走出家庭，走进社会，追求平等。

教育会改变人的观念，工商业的发达也会促成制度的变革，中国传统家庭制度就在各种因素的冲击下，发生转变。随着传统家庭制度的解体，原本以家族为单位的大家庭也逐渐丧失其各项社会功能，包括教化、生产、休闲娱乐等，这些功能就由城市中许多新兴的、具有单一功能的社会组织来达成。于是原本由家庭担任的启蒙教育、道德教育、职业教育，就由正规学校来完成；新式企业与新兴行业蓬勃诞生，在社会上工作的便不再只有男性，女性也投身职场；传统家庭中"含饴弄孙"式的娱乐方式，也由各种传播媒体、出版业、娱乐设施及社交活动取代❶。妇女从家庭深闺中走入社会，这些转变在月份牌上都清晰可见。以下从教育、职业、休闲运动等方面，挖掘月份牌上的时尚女性形象。

---

❶陈蕴茜. 论民国时期城市家庭制度的变迁 [J]. 近代史研究 ,1997(2):146-162.

由于接受了新思想和新教育，女性自主意识增强，要求男女平等，与男性享有同样的权力，对于职业的选择、婚姻的自主更是从前传统中国妇女无法想象的。传统妇女要学习的是如何相夫教子，如何追求妇言、妇工、妇德、妇容的尽善尽美，而月份牌上所反映的民国女子学习的领域却不再局限于此。例如，阅读外文书籍已成为时代女性的新趋势，这在金梅生于1930年代所绘的《女学欧装图》中就可观察到（图3-40）。甚至连一般人不需要熟知的《航空术》等新兴领域的书籍，也在求知欲强烈的新女性所选读的书籍范围之列（图3-41）。这显示出当时的女性已非传统中"大门不出、二门不迈"的裹脚女子，而是勇于求学、不断接受新知的新女性，她们的生活圈已不再局限于家庭一隅，而是与社会接轨。

图3-40　女学欧装图　（金梅生绘，1930年代中期）

在职业方面，初期女性多从事帮佣、裁缝、医务、做工、小贩等手工劳作，而后由于接受了教育，很多知识女性开始加入教育、商业、政治、新闻及律师等行业。但并非每一种职业女性都适合作为月份牌的题材而入画。因而，月份牌画家在选取主题上，往往会考虑市场需求及影响力，会考虑是否能够吸引大众目光。在众多的行业领域中，女明星成为卖相好、受喜爱的极佳选题。因而，月份牌中有不少人物形象即是依照电影明星的照片绘制的。例如，陈云裳、李丽华等著名女明星，也都曾成为月份牌广告模特儿，并亲笔署名。除了电影明星外，女歌者、舞女郎等也在月份牌中出现，如图3-42所示，1930年代末期，铭生为奉天太阳烟公司绘制的月份牌，表现的就是女性唱歌与演奏的情景。

图3-41　阅读《航空术》的女子（杭穉英绘，1930年代中期）

女性投身于体育运动，则更能反映出民国女性已经走出传统的束缚。与西方近代健康开朗的女性截然不同，传统女性长久以来都是娇柔婀娜的形象。而民国以后，政府颁布的禁止缠足、禁止裹胸的法令，以及对放足、放胸的倡导，才使中国女性在身体上和思想上慢慢得到解放。上海作为最早的开埠城市，许多西方新兴的体育运动，在上海渐成风气，如网球、射箭、高尔夫球、马术、游泳、骑自行车等。这些闻所未闻的体育活动，被看成是新奇的、

图3-42　奉天太阳烟公司月份牌（铭生绘，1930年代末期）

时髦的，因而，也成为月份牌喜闻乐见的表现题材。

以游泳为例，上海第一个游泳池建于 1892 年，仅限于游泳总会的股东或董事使用；1907 年，公共租界辟建上海第一个公共游泳池，但并不对华人开放；直到 1909 年，上海青年会建立了第一个供华人使用的游泳池。但对当时的上海市民来说，在公共场所游泳还未被普遍接受，直到 1934 年，海水浴场才在浦东开放。而当游泳在上海成为时髦的运动以后，泳装美女便为摄影师镜头、画家笔下捕捉的对象。在月份牌中，1930 年以前，以游泳为题材的月份牌并不多见，直到 1930 年代末期，游泳在大众中普及以后，这类泳装美女月份牌才渐渐多了起来，如稺英画室、谢之光都曾在 1930 年代末期绘制过泳装美女月份牌（图 3-43）。

图3-43 泳装美女月份牌

第四节
月份牌画中的服饰与大众文化

  月份牌在 20 世纪前半叶历经产生、发展、兴盛、衰退、转型的发展阶段，在 20 世纪 20 ~ 30 年代风行全国，影响较大，甚至波及南洋、印度、南美及欧美的华侨圈。月份牌能够蔚然成风，很重要的原因是大众的助推。月份牌不仅是近代商业文化发展、社会风气转变的见证，也深刻地反映出中西文化的碰撞与交流，同时也是大众憧憬的理想生活的图像呈现。可以说，月份牌是一面反映民国特殊时期的镜子，月份牌中的人、事、物、景，都展现出从封闭走向开放的时代潮流，以及从单一文化到多元文化的演变发展。对于大众来说，一方面他们向往和追求月份牌中所表现的服装、生活和用品，而另一方面他们也是左右月份牌如此呈现的推手。因而，月份牌不但起到纪实的作用，更能折射出民国大众的品位和理想。在民国电影和流行音乐还不是那么普遍的时代，月份牌画作为商业广告，是民国最典型的大众文化。在发行数目、受众数量和影响范围上，都是以往任何一种艺术形式无法比拟的。这不仅与月份牌贴合大众喜好有关，更得益于月份牌随商品免费送出的营销理念。

  以批量化方式生产的，供大众消费的文化产品，以及由此而形成的文化，即是大众文化。显然，大众文化并不是由"大众"产生的文化，而是由文化工业生产出来的，提供给大众消费的一种通俗的、流行的文化。作为宣传商品的大众艺术，月份牌画必然要迎合大众的消费需求和审美情趣。19世纪末到20世纪初，中国经历了前所未有的巨变，西方文化与艺术思潮侵袭，自由平等思想广泛传播。在从传统向现代的转型进程中，新都市逐渐形成，市民阶层逐渐崛起，传统文化也逐渐被现代文化取代。当时的文化生产不再是为政治伦理服务的单一模式，而开始注重大众审美趣味。在20世纪初相对宽松的政治环境和商品经济的迅速发展状况下，由传统政治形态引发的麻木审美心理被打破，大众审美趣味发生变迁：人们更加注重现实的物质享受，对西方文化由不屑一顾转而开始崇尚和膜拜，崇洋的心理和对物欲的追求成为一时风气。此时的艺术创作，不再是一味高大上的孤芳自赏，艺术家们也不再局限于单纯曲高和寡的艺术表现，而开始贴近现实生活，注重大众的需求，并开始迎合大众炮制出新的审美趣味。而由商业文化衍生出的月份牌画，它的实用性和商品性决定了月份牌势必以大众审美趣味为导向。因而，月份牌画家最初在创作月份牌的时候，延续的是有深厚大众根基的传统木版年画的创作方法和表现内容，以此为突破口进行商品推销。而后，随着西方舶来品逐渐被市民接受和喜爱，月份牌画家的创作方法和表现主题也随之变化。在经过西方艺术与传统年画的嫁接后，形成了以风月佳丽和奢华的西方物质生活为主题的月份牌画。这种变化，显然是月份牌画家们在商业利益驱动下，对大众价值观的迎合和妥协。

"大众文化是表现欲望的机器"[1] "现代大众具有更接近物质的强烈愿望，就像他们具有通过对每件实物的复制品以克服其独一无二的强烈倾向性一样，这种通过占有一个对象的酷似物，摹本和占有它的复制品来占有这个对象的

---

[1] 罗兰·巴特.神话——大众文化的诠释 [M].许蔷蔷,许绮玲,译.上海：上海人民出版社,1999.

愿望与日俱增。"❶也就是说，人们通过使用和欣赏月份牌，得以占有摹本和复制品，使欲望得到某种程度的满足。奢华的西式生活和新奇的舶来品，对于普通人来说是可望而不可即的高消费。而月份牌画不仅展现了人们梦寐以求的绚丽生活，还向欣赏者暗示只要购买商品，便可享受画中的时尚奢华生活，人们可以在购买商品本身的同时，实现假想的生活方式。因此说，月份牌画可以映射民国时期大众的审美趣味和价值观的变化，折射出人们的审美价值观向商品世俗化的转变。月份牌表现的人物、服装、陈列、商品……皆是大众物质欲望和精神需求，并体现了当时人们对光鲜时髦的衣着打扮、富丽堂皇的生活居所、歌舞升平的娱乐场所等新生活的向往。因而，出现在月份牌画中的人物服饰图像，也与大众文化不无关联。

一、月份牌画中的服饰与通俗文学

民国大众文化的演进，从五四爱国运动的爆发开始。"五四新文化运动中倡导的平民文学、大众艺术，改变了千年以来文人士大夫美术的方向，向大众美术方向发展"❷。一个时代的社会风貌，在文艺上同样可以映射出来。在新文化运动中，文学改良论和美育，都体现了大众化思想。例如，陈独秀在《文学革命论》中，提出"要打倒贵族文学、山林文学、古典文学，要建立平易的国民文学，新鲜的写实文学，通俗的社会文学"❸。清末民初，上海等开埠城市受到旧传统与新势力的碰撞，反映在文艺上即呈现出多样化风格，并掀起了通俗文学的浪潮。其中，影响最大的是"鸳鸯蝴蝶派"文学，又称"礼拜六派""民国旧派小说"或"民国旧派文艺"。

鸳鸯蝴蝶派文学是承续清末大众通俗文学而来的。在五四运动以前，鸳鸯蝴蝶派曾一度独霸文坛，新文学崛起

---

❶林家治.民国商业美术史[M].上海：上海人民美术出版社,2008:78.
❷陈池瑜.五四新文化运动与中国美术大众化转向[J].美术,2019(1):11.
❸陈独秀.文学革命论[J].新青年,第2卷,第5号。

后，鸳鸯蝴蝶派慢慢衰落，至 1949 年前后消失。鸳鸯蝴蝶派往往没有固定的写作形式，多以长篇小说为主，其创作目的为"消闲娱乐之用者"。例如，《礼拜六》在出版赘言中声称，该期刊在"休暇"时"俭省而安乐""轻便有趣"，最大功能就是"一编在手，万虑都忘"。类似的消闲报刊还有《民权素》、《申报》副刊《自由谈》、《游戏杂志》、《消闲钟》、《眉语》、《小说大观》、《游戏新报》、《红杂志》、《快活》、《红玫瑰》……据统计，鸳鸯蝴蝶派报刊的数量包含大报副刊 10 种、小报 51 种、杂志 131 种，数量可观。这些刊物都以休闲娱乐的消遣为宗旨，涉及滑稽的事物、中外趣闻、笑话、妇女专栏、明星轶事、连载小说、剧场或游戏场的点点滴滴等内容。例如，周瘦鹃为《快活》杂志所写的祝词："现在的世界，不快活极了，在这百不快活之中，我们就得感谢《快活》的主人，做出一本《快活》杂志来，给大家快活快活，忘却许多不快活的事"❶。《红杂志》的发刊词也说："鼓吹文化、发扬国光……兹事体大，非吾人所敢吹此牛也"❷。显然，这些消闲刊物以市民品位为前提，不谈严肃的政治，纯粹只是消遣之用，本质上皆属通俗文学。除了长篇连载小说和短文外，鸳鸯蝴蝶派的刊物常常会另辟图画专栏，专门刊载当时著名伶人、影星、舞星或花界女子照片。鸳鸯蝴蝶派作品的主要阅读群为普通大众，大众的喜好也会左右作品的主题与内容，这点与月份牌题材的变化一致，大众都是主要的推手。

而且，鸳鸯蝴蝶派的期刊封面有不少出自月份牌画家之手。例如，丁悚为《礼拜六》杂志绘制了许多时装女性题材的封面；周慕桥、谢之光、世亨、郑曼陀、向亚民等人的作品，也都出现在《礼拜六》杂志的封面上，而这批画家都是当时很著名的月份牌画家。再如，丁云先是《红杂志》的封面画家之一，1923 年与 1924 年第二卷的封面

❶ 魏绍昌 . 我看鸳鸯蝴蝶派 [M]. 台北 : 台湾商务印书馆 ,1995:5–6.
❷ 赵苕狂 . 编余琐话 [J]. 红玫瑰 , 第 1 卷第 1 期 :2.

几乎全由丁云先绘制，而后丁云先的作品屡屡出现在接续《红杂志》的《红玫瑰》上。周柏生、谢之光等也是《红玫瑰》封面的主要画家。可见，当时不少月份牌画家也是鸳鸯蝴蝶派期刊封面的绘制者，鸳鸯蝴蝶派与月份牌画家有着非常紧密的联系。虽然，鸳鸯蝴蝶派的期刊封面上，也有不少类似月份牌画中的时装人物，但月份牌的制作较鸳鸯蝴蝶派的期刊封面精致许多，尤其是在印刷质量上明显不同。月份牌的开数较大，内容丰富，以彩色印刷；而期刊多为周刊或月刊形式，折旧率和流通率极快，在封面印刷上，甚至是创作上，不及月份牌质量高。

此外，也有一些新闻性报纸或综合性期刊为了吸引读者，通过副刊、专栏等形式，刊载鸳鸯蝴蝶派的作品。例如，《申报》的副刊《自由谈》、第二副刊《春秋》，以及《新闻报》副刊《快活林》等。而《良友》画报更是当时综合性商业刊物的代表，其办报宗旨也是希望成为读者生活中的"良友"。从第五期（1926年6月15日）开始，《良友》画报聘请鸳鸯蝴蝶派的文人周瘦鹃担任编辑，使其延续了鸳鸯蝴蝶派的风格。从《良友》画报的内容来看，新奇事件、名人动态、新款服装、家饰摆设等的消息和图片不可或缺。而从《良友》画报的封面来看，最能发现月份牌与大众传播媒体及大众文化的紧密连接。《良友》画报的封面大都是知名女性的照片或画像（图3-44），包括电影明星，如第1期至第4期的封面有王汉伦、黎明晖等；也有著名女性画家；甚至闻人之妻，如第19期的陆小曼；或是著名女校的学生，如第37期至第40期……皆为"站在时代尖端"的女性，她们身穿最新潮的服饰，展现着新女性的各种风华。

其中的封面女性形象在人物造型或是服装打扮上，或与月份牌同为一式，或是一图多用的关系，可以从以下三组对比中，窥见一二。第一组为谢之光于1927年为上海联保水火险有限公司绘制的月份牌中的女性形象

第53期封面

第86期封面

第25期封面

第73期封面

第80期封面

第180期封面

图3-44 《良友》画报封面中的时尚女性

（图3-45），其与谢之光为《良友》画报第27期所绘的封面（图3-46）人物形象极为相似。在为上海联保水火险有限公司绘制的月份牌中，女性身着宽袖及腰上衣，下穿长裙，搭配皮草围巾，头梳简洁的发髻，留有些许刘海，坐在沙发扶手上，身旁有书架及盆栽，稍远处则有梳妆台等陈设。而在《良友》画报第27期封面中，人

图3-45　上海联保水火险有限公司月　图3-46　《良友》画报第27期的封面
份牌（谢之光绘，1927年）

物服饰造型基本与上述月份牌中一致，只是身处的环境，由室内变成了户外，服饰细节与人物姿势稍有变化。第二组为1928年谢之光为大连恒大合记烟草公司绘制的月份牌（图3-47），其与《良友》画报1928年第28期的封面人物（图3-48）如出一辙，二图也是在背景与人物服饰细节上略有不同，而女性的容貌、姿态完全一致。第三组为稚英画室为中国华东烟公司所绘的月份牌（图3-49）与《良友》画报第41期封面（图3-50），二图中女性的面容、姿态、服饰全然相同，由于受画幅限制，月份牌为半身像，而《良友》画报的封面则为头像特写，显然是同一张作品放在不同之处。它们所要表达的主题也是一样的——这样的女子才是"新女性"，这样的服装才是最"摩登"的。月份牌在20世纪20～30年代以女性图像为最多，一方面反映出当时的市民品位与需求，另一方面也说明衣着时尚的月份牌摩登美女主题的出现，一定程度上也受到当时社会文化气氛的影响。

图3-47 大连恒大合记烟草公司月份牌（谢之光绘，1928年）

图3-48 《良友》画报第28期封面

图3-49 中国华东烟公司月份牌
（穉英画室绘）

图3-50 《良友》画报第41期封面

二、月份牌画中的服饰与电影艺术

电影艺术诞生于19世纪末，法国卢米埃尔兄弟于1895年12月28日，在巴黎卡皮辛大街的一家咖啡馆首次放映了无声电影。八个月后，即1896年的8月，上海徐园"又一村"茶楼里法国人带来了无声电影，当时称为"西洋影戏"
或"电光影戏"。1908 年，西班牙人雷玛斯以铅铁皮搭建
了一个可容纳 250 人的大戏院，即虹口大戏院，成为上海
第一座电影院。此后众多电影院陆续建立，看电影成为上
海市民一时间最喜爱的时尚消遣。电影杂志和电影专栏也
借助电影而流行起来。著名的电影杂志有《影戏杂志》(1921
年创刊)，《银星》(1934 年创刊)；著名的电影专栏有
《申报》的《影戏丛报》、《良友》画报的电影专栏等。
这些杂志和专栏，在电影的宣传和传播上起到了推动作用，
使看电影成为当时重要的消遣娱乐活动。

　　与此同时，上海渐渐出现了与电影相关的职业，电
影明星即是其中之一。起先上海的京戏、文明戏、弹词
等风靡一时，演员清一色为男性，剧中女性角色也是由
男性反串担任，这是一种大众习以为常的演出方式。而
后上海的国产电影，破天荒地启用女性演员，造就了无
数星光熠熠的女明星，并将她们塑造为社会偶像、焦点
人物。中国电影史上第一代女明星中，最引人注目的是
当时被舆论封为"四大名旦"的王汉伦、张织云等；还
有稍稍晚于她们的第二代电影明星：王人美、袁美云、
徐来、黎明晖、黎莉莉、陈燕燕等。这些女明星所诠释
的角色人物，不论是受礼教压迫的传统女性，还是勇敢
积极的新女性形象，都成为大众注目的焦点和心中的偶
像。也正因如此，以女明星为代言的广告不胜枚举，各
种香烟、药品、家电用品、流行服饰、化妆品……都请
她们做广告，月份牌画上也出现了她们巧笑倩兮的身影，
商家也因此达到营销的目的。著名影星陈云裳、李丽华
等，也都曾出现在月份牌中，为布料、香烟等商品做广
告（图 3-51、图 3-52）。这些时髦女性身着款式最新颖
的服装，发型、配饰亦是千变万化，若将同期上海电影
影星、交际名媛、模特儿或舞星的照片比照，不难发现
当时女性的时髦形象尽现在月份牌中，两者几乎是同步
变化。

图3-51 上海久益电机袜厂月份牌（金梅生绘，20世纪30年代）

图3-52 晴雨牌阴丹士林月份牌

第五节
小结

　　与传世的民国服装实物相比，月份牌画中的服饰图像更能够反映出相关配伍的人文与服饰环境，为解读民国服装提供了较为完整的服装生态环境，弥补了传世服饰实物中背景与人文文化缺失等问题。在20世纪上半叶，月份牌作为商业广告，广泛流行于中国各个地区，不仅在大城市流行，也深入农村地区。在发行数目、受众数量和影响范围上，都是以往任何一种艺术形式无法比拟的。这不但与月份牌贴合大众喜好有关，更得益于月份牌随商品免费送出的营销理念。只要购买商品，就可以免费获得该商品的月份牌画，既经济，又美观，还实用。因而，当时很多家庭都曾把月份牌画张贴于屋内，用来记日期，还可以做装饰美化室内环境，尤其是时尚美女月份牌更是让人赏心悦目。作为商品广告，月份牌画无疑很好地发挥了它的宣传作用。同时，在传播的过程中，附带着也将新时代的装饰风格、审美趣味、时尚文化、大众文化等潜移默化地渗入人们的日常生活中。月份牌不仅充分发挥了它的广告价值，还传播了时尚文化，是民国时期典型的大众文化产品。

显然，月份牌的形成与传播不但推动了民国商业的迅猛发展，也推动了民国服饰及时尚潮流的大众传播。可以说，月份牌画中的服饰图像一定程度上表现了当时都市欲望、消费观念、审美趋向在服装发展中的变迁，从不同视角记录了民国时期的服装状貌，并代表了流行，彰显了时尚，反映了大众性，囊括了民国最流行、最受大众喜爱的服装和人物形象。通过解析月份牌画中的服饰图像，可以窥探民国时期社会整体时尚的传播、审美的变迁以及大众意识的植入。

Chapter 04

第四章 月份牌图像中的民国织物设计

月份牌画在民国织物的研究上，同样提供了丰富的图像资料，具有重要的参考价值。月份牌中的织物图像与民国传世服装实物相比，能够更加直观地体现出时尚发展的轨迹以及审美趣味的变迁，并具有服饰配伍的相互关联。尤其是在 20 世纪 20 年代以后，"月份牌的画家们在表现女性形象和服装款式时都极尽写实、细腻、精确之能，使得服装的款式、面料的纹样、服饰装饰都清晰得可以成为效仿的摹本。"[1]因而，月份牌画也为研究民国服装面料及纹样提供了大量形象资料。

❶ 龚建培 . 月份牌绘画与海派服饰时尚 [J]. 民族艺术研究 ,2011,24(5):140-143.

第一节
月份牌图像中的织物面料

晚清时期，纺织面料也受到西方纺织业和工业制造的
严重冲击。传统的丝织物和棉织物以锦缎为主，此外还有
仿古缎、芝麻纱、亮色地纱和羊毛蓝布等。女性的服装面
料还是以厚实的锦缎为常见。而至民国，由于受到西方观
念和西洋纺织品的冲击，传统面料受到了冲击。一般而言
中式服装及农村地区更多地会以传统面料或者自织土布，
作为服装材料（图4-1）。"乡下人无论如何也不会用洋
布做日常衣服，因为洋布不耐穿"[1]，不仅如此，传统的
手工面料还更为经济。但在民国短短的几十年中，传统的
服装面料在染色、纹样、工艺制作等方面无疑也深受西方
的影响，出现了崭新的面貌。

晚清以来，西方的"洋布"进入中国市场，并逐渐在
民国成为与传统手工面料分庭抗礼的新型服装材料。所谓
"洋布"即"开口通商后由西洋输入的以机器纺织而成的

---

[1] 姚贤镐 . 中国近代对外贸易史资料 (1840–1895): 第 3 册 [M]. 北京 : 中华书局 ,1962:1355.

棉布。由于来自西洋，又是西式机器织作，与中国手工织作的土布有明显区别。19世纪末以后，本土也用新式机器纺织棉布，由于质量相同，民间仍沿用'洋布'之名，成为机织棉布的统称，一直沿用至20世纪中叶。"❶显然，这里可以看出"洋布"在民国时期，首先是打入沿海的港口城市，如上海、广州、天津等，而后逐渐在大都市中普及。一般而言，西式服装与改良中装皆会采用洋布作为服装面料，"在城市里，尤其在重庆，就用大量漂白的或用云南靛蓝染过的（洋）市布做衣服。"❷上海早在晚清时就设有英商棉布进口洋行，如"怡和、仁记、老宝顺、泰和、义记、老沙逊、公平、元芳等；美商老旗昌、丰裕、协隆；法商百司、永兴（进口丝织品较多）；德商瑞记、鲁麟、美最时；瑞士商华嘉；荷兰商好时；意大利商安和等。日商经营棉布洋行设立较迟，约在1910年左右。"❸此时进口的洋布，多为生毛哔叽等粗毛织物。而后进口洋布的种类不断增加，仅毛呢就有几十个品种，"羽纱、生毛哔叽、小呢等。长毛驼绒之类，如：金枪绒、银枪绒、黑枪绒等，曾盛销华北、东北。进口的细毛呢品种大增，如：直贡呢、素哔叽、华达呢、板丝呢、马鬃衬、黑炭衬、马裤呢、驼丝锦、法兰绒、维也纳、头法呢、大衣呢、各种条素花呢、套头呢等。"❸

　　洋布在民国市场上的推进，不仅得益于自身的种类丰富、样式新颖、价格适宜等优势，还与民国的流行风尚有着直接的关系。上海等沿海城市开埠后，大量外国纺织商品涌入国内纺织品市场，并逐渐在国内的纺织品市场上占据重要地位。《川沙县志》曾记载："在本境，向以女工纺织土布为大宗。自洋纱盛行，纺工被夺，贫民所持以为生计者，惟织工耳。嗣以手织之布，尺度不甚适用，而其

图4-1 土布与洋布比较图

---

❶李长莉.洋布衣在晚清的流行及社会文化意义[J].河北学刊,2005(2):161-168.
❷姚贤镐.中国近代对外贸易史资料(1840-1895):第3册[M].北京:中华书局,1962:1355.
❸中国社会科学院经济研究所.上海市棉部商业[M].北京:中华书局,1979:5.

产量，更不能与机器厂家生产者为敌。"❶从这里可以看出，西方的机织面料产量可观，并开始逐渐占有国内市场。此外，《上海地方志•日用商业品工业志》记载："鸦片战争前夕，外国机织布开始呈规模输入中国。1830 年，英国运到中国的棉花是 60 万码。仅仅 15 年后，这个数字就达到了一亿一千二百万码，增加了近 200 倍。"❷显然，民国较晚清时期，对西方机织面料的需求极大，这就说明机织面料在中国占有了绝对市场，并被越来越多的市民阶层所钟爱，成为服装的主要面料之一。据《中国人的生活方式：从传统到现代》统计：1867 年，中国的棉织品进口总量为 1300 万（以关平银两计值），但是区区 26 年后，1893 年棉织品的进口量已达 2730 万，翻了一倍多（表 4-1）。

民国时期，商品经济飞速发展，传统的经济格局不复存在，中国的纺织业遭受了前所未有的困境，手工制造业步履维艰，而西洋面料在清末民初逐渐成为国内纺织品市场上的主角，对土布、土纱等传统纺织面料产生了重创。"海禁开放以后，外国材料源源不断地输入。在鸦片战争以前，洋货只有羽纱、呢绒之类，后来花色日多，洋绸、洋缎、洋锦，要比国产绸缎便宜得多，洋布更充斥市场。" ❸从品类上看，洋布花样更多；从价格上看，机织洋布比手工锦缎等贵重面料更便宜，再加上民国西风盛行，洋布取代传统面料，成为国内纺织品市场的主流实属必然。"自洋纱、洋布进口，华人贪其价廉质美，相率购用，而南省纱布之

表 4-1 清后期中国进口外国纺织品情况

年代	进口总值	棉织品	毛织品	百分比
1867	6930万	1300万	740万	29%
1873	7410万	1800万	590万	32%
1883	7360万	1680万	390万	28%
1893	15130万	2730万	460万	21%

❶尹继佐 . 民俗上海 : 浦东卷 [M]. 上海 : 上海文化出版社 ,2007:59.
❷张竞琼 . 从一元到二元 : 近代中国服装的传承经脉 [M]. 北京 : 中国纺织出版社 ,2009:233.
❸素素 . 浮世绘影 [M]. 北京 : 生活 • 读书 • 新知三联书店 ,2000:7.

利，半为所夺。迄今通商大埠及内地市镇城乡，衣大（土）布者十之二三，衣洋布者十之八九。"❶这里可以看出，当时洋布已经成为市民的主要服装材料。老舍先生也曾描述："他喜爱这种土蓝布。可是，这种布几乎找不到了。他得穿那刷刷乱响的竹布（指洋布）。乍一穿起这有声有色的竹布衫，连家犬带野狗都一致汪汪地向他抗议。后来，全北京的老少男女都穿起这种洋布，而且差不多把竹布衫视为便礼服。"❷在短短几十年间，洋布主宰了国内纺织品面料市场，西式布料在民国已经成为都市家庭的主要服装面料。哔叽、蕾丝、花洋纺、哈喇呢等不仅在西式服装上使用，在改良的中式服装上也有用洋布的，如男性的长袍常以阴丹士林布为主要面料，女性的改良旗袍也常用阴丹士林布。

西式面料的引入，不仅丰富了国内纺织面料的种类，也为传统服装带来了新的活力。一些洋行或百货公司为了推销这些西式面料，不免大手笔地宣传广告，因而在月份牌中经常能见到相关的纺织广告（图4-2）。例如，20世纪20~30年代，纯色的阴丹士林布在城市中非常流行，长袍、旗袍等服装皆可以用阴丹士林制作，给人美观大方的感受，又因其自身的特征，而且经济实用，是平民阶层中最为常见且最受欢迎的纺织面料。在"月份牌"广告画中，有许多关于阴丹士林布的宣传广告，其中《快乐小姐》（图4-3），最受欢迎和最有影响力。画面中间，女性穿着无袖紧身旗袍，留着时尚的短卷发，戴着珍珠项链以及手镯，双臂交叉于腰部，带着自然又自信的笑容，展现年轻而自我满足的都市新女性形象。

图4-2 英商绵华线辘总公司月份牌

图4-3 快乐小姐

❶郑观应.盛世危言[M].曹冈，译.呼和浩特：内蒙古人民出版社,2006:194-195.
❷老舍.正红旗下[C]//老舍文集：第七卷.北京：人民文学出版社,1995:228.

第二节
月份牌图像中的服装纹样

　　图案是时代变化的产物，服装图案附着在织物上，受服装变化影响。民国大致纹样可分为三大类：其一是中西方风格的混合模式，第二种是西方纹样，第三种是传统风格纹样。民国时期，在崇洋和趋新思想的影响下，服装在面料与纹样上也更加富于变化。以往一种纹样流行很多年的现象已经不复存在，纹样的流行周期大大缩短，更新频率更加快速。整体来看，民国初期，在延续晚清风格和样式的基础上，纹样又产生了新的主题，在装饰和功能上都有突破性的创新。此外传统的图案经过改良及西式服饰的影响，又产生了许多新的风格，如由传统花卉图案变形形成的高度装饰性花卉图案。在民国中后期，流行简单、优雅的风格，图案逐渐减少甚至没有图案。民国丰富多样的服装纹样，在月份牌人物衣着上也有形象的表现，几乎涵盖了民国最为典型而流行的纹样，主要包括花卉图案，几何图案和素面无纹样。

一、花卉纹样

　　民国花卉纹样可以分为传统花卉纹样、装饰花卉纹样、写实花卉纹样三种。从民国传世服装实物情况来看，传统花卉纹样更多地被用在服装上。然而，在民国的画报以及月份牌广告画中，装饰花卉和写实花卉纹样在服装上更为多见。这种现象一方面说明装饰花卉纹样和写实花卉纹样的新颖性和时尚性，另一方面也说明装饰花卉纹样和写实花卉纹样没有传统花卉纹样那么普及。

1. 传统花卉纹样

传统花卉图案保留自然花卉的基本特征，并且可以通过二方连续或者四方连续的创作法则，进行重组。为了适应不同材料和工艺的限制，传统花卉图案也不断创新。民国初期，在晚清花卉图案的基础上，结合不同颜色和布局，形成具有一定时代特征的传统花卉纹样。从花型样式上看，这一时期的花卉图案延续了晚清花型的形态感，并增添了花篮等晚清不会出现的新样式。而且，此时传统花卉纹样中的吉祥图案的固定组合形式，也不再像晚清那样严格 (图4-4、图4-5)。虽然民国初期织物图案的主题经历了巨大的变化，但传统的图案并没有消失，它们仍然在织物图案中占有一席之地。在此期间，

图4-4 杭穉英所绘月份牌画　图4-5 千代洋行月份牌
（1920年代中期）

除了传统花卉图案的延伸外，还对传统图案进行了改造，如龙与凤图案，以及水纹图案（图4-6）。

2.装饰花卉纹样

装饰花卉图案是通过采用变形处理的设计方法，以一种花卉实物的图案为原型，进行抽象、变形、提取等设计手法，将其转换成为另一种新的花卉图案。经过设计后的装饰花卉纹样已很难看出其原型的花卉，但却有着更为独特的装饰风格。从设计效果来看，多数装饰花卉纹样往往具有大花满地的特征，即单元花卉纹样很大，且以连续图案的形式在整个衣身上全部布满，因而，装饰着此种图案的服装常常具有很强的视觉冲击效果，如图4-7、图4-8所示。

图4-6 英商和记洋行月份牌

图4-7 启东烟草股份有限公司月份牌　图4-8 哈德门牌香烟月份牌

簇叶纹样是典型的装饰花卉纹样，为西方的一种叶形纹样，常作为建筑、织毯、壁纸上的装饰，有莨苕叶、甘蓝叶、橄榄叶等多种叶形。清末时期，以花叶为题材的簇叶纹样织物传入国内，并被大量运用在女性服装上。簇叶纹样一般以单片叶或数片叶组合成一个单元纹样，加以排列组合，形成简洁素雅的视觉效果。在 20 世纪 30 ~ 40 年代的旗袍中经常以此纹样作为面料图案，且在月份牌中也十分常见（图 4-9）。

图4-9 月份牌画中的簇叶纹样

3. 写实花卉纹样

写实花卉纹样即将实物花卉运用在服装上，这种装饰最早也起源于中国。而到了晚清民国，写实花卉纹样又吸收了西方油画的写实风格，更加注重现实主义和对图案表现的立体渲染。与此同时，现代印染技术的出现，也促进了写实花卉图案的迅速发展，逼真的花卉图案与现代手绘花卉的风格非常相似，因而在民国也是极为常见的装饰图案，如图 4-10、图 4-11 所示。

写实花卉图案中比较常见的是西式的玫瑰花纹样。清代中期，西方的玫瑰纹样就已传入。自上海开埠后，玫瑰花纹常在瓷器、地毯、广告、包装等上大量使用。在月份牌画与传世的旗袍实物中，也常常装饰玫瑰花纹，设计手法有饱满的折枝式，花朵完全绽放；也有花朵和花枝组成的聚合式（图 4-12）。

图4-10 白鹤月份牌广告　　图4-11 具有花卉装饰的服装

图4-12 月份牌中的玫瑰纹

二、几何纹样

民国中后期，几何图案开始在服装装饰上占据主流，《申报》在1933年曾刊载一篇关于秋装衣服图案的文章，其中提到："在中国，以前衣料上的图案差不多极少变化，近来织物的花样始一天天的新奇……今年秋季，大幅的花朵图案已归淘汰，却流行一种圆圈式的图案。据各大公司绸缎部说，这是民国二十二年秋式，名媛们都已采用了。"❶可以看出，纯粹追求形式感的圆圈式几何图案，开始成为流行。根据收集和整理的民国服饰图像和服装实物看，民国时期的几何图案可分为规则几何图案和不规则几何图案两种类型。

规则几何图案主要有条纹、格纹与规则点子纹。条纹图案在中国古代称为"间道"，指由线条竖直或水平排列形成的几何纹。条纹图案构成虽简单，但却也可以通过宽窄线条的变化，产生或柔和，或强烈的视觉效果。格子图案也称为"棋盘纹"，指由垂直线和水平线组成的正格或斜格纹样。由于单位网格的尺寸不同，或网格线条的粗细不同，格纹图案有丰富的变化。无论是在月份牌画中，还是在传世的服装实物中，条格纹样占据了很大数量（图4-13、图4-14）。从组合上看，既有规整的条格纹，也有明显受西式风格影响的有角度变化的条格纹，此类更具有现代感。从风格上看，早期的条格纹采用等距离排列，比较规整；后期条格纹，更加注重节奏感和韵律感。从配色上看，有单色的条格纹，也有同色相渐变的条格纹。而其中的西式条格纹尤其是条形纹，更能衬托女性的身体曲线，从而备受青睐。规则图案里，点图案为重要的一类。点图案中又可细分为波尔卡点纹，大圆点纹即"银元纹"等多种样式。点图案比较适合表达儿童的幼稚和女性的气质（图4-15），一般男性则不常使用此纹样。

❶秋式的衣料图案 [N]. 申报（上海),1933-9.

除了常规的条纹图案和点图案外，还存在一些不规则的几何图案。如心形图案、多边形图案、三角形图案、曲线或多个几何形状的组合图案……这些几何图案比条带的图案更加多样和生动，并由于有秩序感，所以是花卉纹样不可比拟的。不规则的点图案也常用于服装面料。弯曲的"C"形、"S"形、螺旋曲线或弧形图案，通过点或线在方向上的变化，形成变化和律动感。这些简单、跳跃、生动的几何线条，显然是受西方模式影响的新时代模式（图4-16）。

图4-13 月份牌中的格纹

图4-14 月份牌中的条纹

图4-15 月份牌中的点纹

图4-16 月份牌中的不规则纹样

CHAPTER
05

Chapter 05

第五章 结语

　　月份牌的生命力并不长，从19世纪70年代产生到新中国成立，短短七十余年，但影响力却很大：其一，在民国时期，月份牌图像中的人物形象成为传播时尚的重要渠道，在一定程度上起到了引导时尚的作用。其二，月份牌画中的图像信息反映了民国的经济发展、政治与文化变迁，以及生活方式、价值观与审美情趣转变的状况。其三，月份牌画作为民国时期一种典型的大众艺术形式，是了解民国文化生活、时尚消费与审美趣味的重要依据。因此，月份牌广告画中传达了关于民国衣食住行多方面的信息，生动地记录了当时社会生活习惯的现代化变化。可以说月份牌对民国历史、绘画、商业、服装等众多领域的研究都有一定的价值。它以图像的形式记录了一个时代的历史与文化的变迁，也是民国服饰发展与演变的重要见证。

　　20世纪上半叶，月份牌不仅在大城市流行，也深入农村地区。由于只要通过购买商品，就可以免费获得该商品的月份牌画，既经济，又美观，还实用。所以，当时很多家庭都曾把月份牌画张贴于屋内，不仅可以用来记日期，还可以装饰美化室内环境，尤其是时尚美女月份牌更是让人赏心悦目。作为商品广告，月份牌画无疑很好地发挥了它的宣传作用。同时，在传播的过程中，附带着也将新时代的装饰风格、审美趣味、时尚文化等潜移默化地渗入人们的日常生活中。因此，月份牌不仅发挥了它的广告价值，还传播了时尚文化，是民国时期典型的大众文化产品。

月份牌画作为20世纪上半叶时代变迁的镜像，形象地记录了当时社会生活习惯的现代化变迁，并对民国服装的研究提供了丰富的图像信息。其中，不仅能见到服装具体款式的演变，也折射出民国时期新的审美观念和价值取向，以及东西方文化、传统与现代文化的碰撞与交融生发出的丰富文化内涵。本书依据图像学方法，通过对月份牌画中服饰图像的解读，在分析服饰款式、纹样与构成的基础上，研究民国服饰风格及审美趣味的变迁，并围绕历史语义和文化特性对月份牌画中的服饰与时尚文化及大众文化等问题展开探讨。

在图像志研究中，主要研究了月份牌画中的男装、女装、童装的款式及服饰面料与图案等问题。从月份牌画中人物形象出现的频率来看，女性最多、儿童次之、男性最少。因而，对女性服饰描绘的图像数据也最为丰富，尤其是在女性题材月份牌画中，从清末民初的上衣下裙与上衣下裤，到20世纪20年代以后风行的改良旗袍，再到摩登的西式女装，月份牌画囊括了当时最流行的各种女性时装款式，并记录了民国女性的妆容、发型等多方面的转变，构建出文化转折期的新女性形象。"母子图"是月份牌中另一类常见题材，从其中描绘的儿童形象中，可以捕捉丰富的民国童装信息：一方面，中式童装相较于成人服饰大变革依然不失传统特色；另一方面，童装跟随成人服装的步伐，一起进入了中西并陈的时代，甚至比成人服饰的西化速度更快，在月份牌中西服、衬衫、连衣裙、大衣等西式童装款式皆有形象刻画。而男性形象因在月份牌里则是纯粹的配角和背景担当，描绘不多，但表现的服装款式却比一味西化的童装更为全面，西式的西服套装、中式的长袍马褂、中西混搭的款式，尽现于月份牌画中。此外，月份牌广告画中包含了大量的民国织物信息，其广告宣传的商品涉及大量纺织品信息。而且，通过月份牌画中人物服饰的多种装饰纹样，也可窥见民国织物设计中中西交融的风格特征。

月份牌画中的服饰图像不但展现了民国的各式服装款式，并折射出不同的服饰风格和审美倾向。自20世纪20～30年代以来，时尚女性已成为月份牌表现的主要题材。这些月份牌中记录了现代都市生活，并可以捕捉民国女性在服装、发型、妆容、首饰、鞋品等多方面的时代性变化。可以说，月份牌画中的女性服饰代表着民国时期的潮流与风向，上衣下裙、上衣下裤、新式旗袍、西式女装以及中西混搭装，都反映了民国时期女装"趋异"与"趋时"的特点，充分展示了人们生活方式的变化和审美趣味的转变。月份牌画中描绘的女性形象和服装呈现出"张张不同，款款各异"的特征。女性的衣着装扮更注重表现自己的审美格调，具有个性色彩，往往追求将个体凸显于普通之外，很少会出现撞衫的现象。月份牌画中的女性通过服装、妆饰、情态构建一个新时代的女性形象，也体现了民国时期女性追求独立、自由、健康、自然、简约、知性、时尚、性感、摩登……所以说，月份牌画中女性的时装、发型、妆容和身体姿态的造型与体现出来的内涵、才华与气质，是民国社会流行的审美标准的镜像。此外，对月份牌中反映的女性形象要辩证地看待。在月份牌画中，女性通过服装寻求优雅和独立，知性和自信。相较而言，男性形象虽在月份牌画里不多见，却囊括了民国男装的主要样式，既可见西服、学生装等西式男装，又有中式长袍马褂，也有中西混搭，基本可以掌握民国男装的大致状况。与同期老照片和实物等资料参照发现，民国男装呈现"趋同"现象，服装定格在"土、洋、土洋结合"三种形式，款型单纯、范式稳定，并遵循各自的款式特点和语言法则——长袍马褂是文化人士、保守人士及年长者的常用款式；西式服装是年轻时尚人

士的首选；而短衣长裤则是底层贫民的日常装扮。显然，
服装和男性形象在民国被"类型化"，在日常衣着过程中，
男性往往选择与其身份相符合的装扮。因而，在民国男
性的衣着装扮呈现"千篇一律、千人一面"之感，这也
是月份牌中男装款式集中、样式变化不大的原因。另外，
月份牌中出现的中式男装，与清朝尚贵、尚巧、尚雅的
长袍与马褂已大相径庭，中式男装的传统款式虽在民国
被承袭下来，但随着封建礼俗的革除，传统服装的人文
内涵与美学精神已不复存在，呈萎靡趋势。与之相对的是，
西式男装在中国经历了从鄙夷到正视，从强制到接受，
从模仿到自觉的复杂过程，而逐渐成为流行款。月份牌
画中呈现出的西式童装的儿童形象，要远远多于传统童
装的形象，具有明显的西化倾向，西服、衬衫、连衣裙、
大衣等西式童装款式极为多见。这就说明民国童装与成
人服装一起进入了中西并陈的时代，也折射出西式童装
在当时都市生活中很流行，也更能适于儿童身体健康成
长的需要。月份牌中呈现的童装西化倾向，并非民国童
装的整体发展趋势，在广大农村地区改良的中式童装更
为普遍，这就表现出同一时间不同空间的巨大差异。

　　月份牌画以月份牌画家的视角，还原了民国时期多
样多元的服装样式及演变过程，并构建了文化转折期人
物的新形象，揭示了服饰与消费、与生活方式、与大众
文化及时尚潮流的关系，也映射出国人审美观念和价值
取向的变迁及东西方文化的碰撞与交融生发出的多元文
化内涵。一是月份牌画中的时装佳丽，通过摩登的服饰、
发型等形象刻画，传递了民国时期社会对于女性审美观
念的变迁，以及女性在人格、价值和尊严等方面的追求，
勾勒出新女性形象。这不仅在一定程度上反映了在风气
渐开的时代里女性的解放，也体现出传统等级衣冠之制
的解体，中国的服饰向自由化、平等化、个性化方向发展，
并标志着妇女思想的解放、社会地位的提高。二是月份
牌画中表现的男性服装形象，穿着中式服装的在数量上

不如穿西式服装的多。这不仅是为了迎合民国时期人们
追求西方物质生活的消费心理，也是民国服饰中西并存
的实情表现，同时反映出男装的务实精神，以及男性装
束与民国独特的时代文化之间的联系。月份牌将民国男
性衣着的符号模式和视觉形象表现其中，因而出现在月
份牌中的男性服装形象虽然简单，却也是遵循着民国男
性社会形象"类型化"原则。三是月份牌广告及其人物
服饰形象是海派文化与民国服装在商业消费传播中的典
型表现。近代以来的服饰时尚大部分起源于上海，上海
是民国时期中国乃至亚洲的时尚中心。因而，海派文化
自然会延伸至民国服装业，并也会对同样起源于上海的
月份牌产生重大影响。正如不同时期月份牌画中表现的
不同女性形象——早期周慕桥时代闭花羞月的古典仕女、
到郑曼陀时代清新淡雅的知性女性，再到杭穉英时代时
尚艳俗的摩登佳丽，不但体现出海派文化对月份牌及月
份牌中服饰的影响，也折射出民国接受新观念、新事物
的开放意识。四是在民国时尚文化的传播中，月份牌功
不可没。以商品营销为目的的月份牌，以大众喜好和审
美趣味为导向，集商业实用功能与视觉美感为一体，将
时下最受大众欢迎的元素表现在画面中，如时髦的西式
装扮、现代的西式生活等，成为传播流行文化和时尚文
化的艺术载体。在月份牌里，不仅可以清晰捕捉民国时
尚和时装的变迁，而且月份牌画对民国服装的流行导向
具有一定的前瞻性。可以说，大众的审美喜好与月份牌
画家及月份牌画三者之间处于一种循环互动的相互影响
之中：大众的好恶直接左右了月份牌画家创作的导向，
而以迎合大众需求和品位的月份牌画，又进一步引领了
时尚的风向，并催发和带动了大众的审美趣味及近代服
饰的时尚化和现代化发展。五是月份牌画中的服饰图像
不但起到纪实的作用，更能折射出民国大众的审美品味
和人生理想以及审美价值观向商品世俗化的转变。作为
民国最典型的大众艺术形式，月份牌画中呈现的各种元

素皆是大众物质欲望和精神需求，并体现了当时人们对光鲜时髦的衣着打扮、富丽堂皇的生活居所、歌舞升平的娱乐场所等新生活的向往。出现在月份牌画中的服饰图像，与民国时期的大众文化，尤其是鸳鸯蝴蝶派文学及影视艺术有着极为密切的关联和相互影响。诚如扬之水先生所言"读月份牌广告，也读出了半部'更衣记'"，月份牌画不仅记录了民国不同时期的人物形象和服饰装扮，也代表了流行与时尚，代表了大众性和海派文化。

参考文献
REFERENCES

[1] 陈池瑜 . 中国现代美术学史 [M] . 哈尔滨 : 黑龙江美术出版社 ,2000.

[2] 施坚雅 . 中华帝国晚期的城市 [M] . 叶光庭 , 等 , 译 . 北京 : 中华书局 ,2000.

[3] M. 苏立文 . 东西方美术的交流 [M] . 陈瑞林 , 译 . 南京 : 江苏美术出版社 ,1998.

[4] 白云 . 中国老广告——招贴广告的源与流 [M] . 北京 : 台海出版社 ,2003.

[5] 陈超南 , 冯懿有 . 老广告 [M] . 上海 : 上海人民美术出版社 ,1998.

[6] 顾柄权 . 上海风俗古迹考 [M] . 上海 : 华东师范大学出版社 ,1993.

[7] 孔令伟 . 风尚与思潮 : 清末民国初中国美术史的流行观念 [M]. 杭州 : 中国美术学院
出版社 ,2008.

[8] 林家治 . 民国商业美术史 [M]. 上海 : 上海人民美术出版社 ,2008.

[9] 罗钢 , 刘象愚 . 文化研究读本 [M]. 北京 : 中国社会科学出版社 ,2000.

[10] 阮荣春 , 胡光华 . 中华民国美术史 [M]. 成都 : 四川美术出版社 ,1992.

[11] 孙逊 , 杨剑龙 . 都市、帝国与先知 [M]. 上海 : 上海三联书店出版社 ,2006.

[12] 王伯敏 . 中国美术通史 : 近现代卷 [M]. 济南 : 山东教育出版社 ,1996.

[13] 吴昊 , 卓伯棠 . 都会摩登——月份牌 :1910s-1930s[M]. 香港 : 生活•读书•新知三联
书店 (香港) 有限公司 ,1994.

[14] 忻平 . 从上海发现历史——现代化进程中的上海及其社会生活 [M] . 上海 : 上海人民
出版社 ,1996.

[15] 杨东平 . 城市季风——北京和上海的文化精神 [M] . 北京 : 东方出版社 ,1994.

[16] 张一民 . 论中国的新型工业化与城市化 [M] . 大连 : 东北财经大学出版社 ,2004.

[17] 赵琛 . 中国近代广告文化 [M] . 长春 : 吉林科学技术出版社 ,2001.

[18] 周宪 .20 世纪西方美学 [M] . 南京 : 南京大学出版社 ,1997.

[19] 陶咏白 .1700-1985 中国油画 [M] . 南京 : 江苏美术出版社 ,1988.

[20] 朱伯雄 , 陈瑞林 . 中国西画五十年 (1898-1949)[M] . 北京 : 人民美术出版社 ,1989.

[21] 李超 . 上海油画史 [M] . 上海 : 上海人民美术出版社 ,1995.

[22] 包铭新 . 中国旗袍 [M] . 上海 : 上海文化出版社 ,1998.

[23] 袁杰英 . 中国旗袍 [M] . 北京 : 中国纺织出版社 ,2000.

[24] 臧迎春.中西方女装造型比较 [M].北京:中国轻工业出版社,2001.

[25] 张竞琼.西"服"东渐:20 世纪中外服饰交流史 [M].合肥:安徽美术出版社,2002.

[26] 梁惠娥,张竞琼,周旋旋.浮世衣潮之妆饰卷 [M].北京:中国纺织出版社,2007.

[27] 张竞琼,钟铉.浮世衣潮之评论卷 [M].北京:中国纺织出版社,2007.

[28] 吴昊.中国妇女服饰与身体革命 [M].上海:东方出版中心,2008.

[29] 黄强.衣仪百年——近百年中国服饰风尚之变迁 [M].北京:文化艺术出版社,2008.

[30] 廖军,许星.中国服饰百年 [M].上海:上海文化出版社,2009.

[31] 袁仄,胡月.百年衣裳:20 世纪中国服装流变 [M].北京:生活•读书•新知三联书店,2010.

[32] 徐华龙.上海服装文化史 [M].上海:东方出版中心,2010.

[33] 刘瑜.中国旗袍文化史 [M].上海:上海人民美术出版社,2011.

[34] 徐华龙.中国民国服装史 [M].新北:花木兰文化出版社,2013.

[35] 卞向阳.中国近现代海派服装史 [M].上海:东华大学出版社,2014.

[36] 卞向阳.百年时尚——海派时装变迁 [M].上海:东华大学出版社,2014.

[37] 安妮•霍兰德.性别与服饰 [M].魏如明,等,译.北京:东方出版社,2000.

[38] 包铭新,马妮,于颖.时装评论教程 [M].上海:东华大学出版社,2005.

[39] 布莱恩•特纳.身体与社会 [M].马海良,赵国新,译.沈阳:春风文艺出版社,2000.

[40] 曹聚仁."海派"三题 [M].上海:上海天马书店,1935.

[41] 陈仲辉.中国男装 [M].北京:读书•生活•新知三联书店,2013.

[42] 陈子善.摩登上海——30 年代的洋场百景 [M].桂林:广西师范大学出版社,2001.

[43] 邓如冰.人与衣——张爱玲《传奇》的服饰描写研究 [M].桂林:广西师范大学出版社,2009.

[44] 丁縣孙,王黎雅.津门杂记 [M].天津:天津古籍出版社出版,1986.

[45] 董竹君.我的一个世纪 [M].北京:读书•生活•新知三联书店,1997.

[46] 大卫•勒布雷东.人类身体史和现代性 [M].上海:上海文艺出版社,2010.

[47] 冯天瑜,杨华,任放.中国文化史 [M].北京:高等教育出版社,2005.

[48] 费正清,费维恺.剑桥中华民国史 [M].北京:中国社会科学出版社,1994.

[49] 费正清,刘广京.剑桥中国晚清史 [M].北京:中国社会科学出版社,1985.

[50] 王庄穆.民国丝绸史 [M].北京:中国纺织出版社,1995.

[51] 吴昊.中国妇女服饰与身体革命 (1911-1935)[M].上海:东方出版中心,2008.

[52] 包铭新.近代女装实录 [M].上海:东华大学出版社,2004.

[53] 邓明.老月份牌年画 [M].上海:上海画报出版社,2003.

[54] 郭建英,陈子善.摩登上海 [M].桂林:广西师范大学出版社,2001.

[55] 吴红婧 . 老上海摩登女性 [M]. 上海 : 中国福利会出版社 ,2004.

[56] 素素 . 老月份牌中的上海生活 [M]. 北京 : 生活 • 读书 • 新知三联出版社 ,2000.

[57] 周利成 . 中国老画报 (上海老画报)[M]. 天津 : 天津古籍出版社 ,2011.

[58] 张燕风 . 老月份牌广告画 [M]. 台北 : 汉声杂志社 ,1995.

[59] 屠诗聘 . 上海市大观 [M]. 上海 : 中国图书编译馆 ,1948.

[60] 王晓华 , 孙青 . 百年生活变迁 [M]. 南京 : 江苏美术出版社 ,2000.

[61] 逸明 . 民国艺术 [M]. 北京 : 国际文化出版公司 ,1995.

[62] 崔荣荣 , 张竞琼 . 近代汉民族服饰全集 [M] . 北京 : 中国轻工业出版社 ,2009.

[63] 孙会 . 大公报——广告与近代社会 (1902-1936)[M]. 北京 : 中国传媒大学出版社 ,2011.

[64] 由国庆 . 鉴藏老商标 [M]. 天津 : 天津人民美术出版社 ,2000.

[65] 周迅 , 高春明 . 中国历代服饰 [M]. 上海 : 学林出版社 ,1983.

[66] 洪煜 . 近代上海小报与市民文化研究 [M]. 上海 : 上海世纪出版集团 ,2007.

[67] 陈湘波 , 许平 .20 世纪中国平面设计文献集 [M]. 南宁 : 广西美术出版社 ,2012.

[68] 孙燕京 . 服饰史话 [M]. 北京 : 社会科学出版社 ,2000.

[69] 先施公司二十五年纪念册 (清光绪二十五年至民国十三年)[M]. 香港 : 先施公司 ,1924.

[70] 伍联德 , 等 . 中国大观图画年鉴 [M]. 上海 : 良友图书印刷有限公司 ,1930.

[71] 刘瑞璞 , 陈静洁 . 中华民族服饰结构图考 [M]. 北京 : 中国纺织出版社 ,2013.

[72] 王宇清 . 历代妇女袍服考实 [M]. 台北 : 中国旗袍研究会 ,1975.

[73] 周锡保 . 中国古代服饰史 [M]. 北京 : 中国戏剧出版社 ,1984.

[74] 赵庆伟 . 中国社会时尚流变 [M]. 武汉 : 湖北教育出版社 ,1999.

[75] 仲富兰 . 图说中国百年社会生活变迁（1840-1949）[M]. 上海 : 学林出版社 ,2002.

[76] 桂国强 , 余之 . 永安文丛 [M]. 上海 : 文汇出版社 ,2009.

[77] 陈丹燕 . 上海的金枝玉叶 [M]. 北京 : 作家出版社 ,2009.

[78] 李晓红 . 女性的声音——近代上海知识女性与大众传媒 [M]. 上海 : 学林出版社 ,2008.

[79] 止庵 , 万燕 . 张爱玲画语 [M]. 天津 : 天津 : 天津社会科学出版社 ,2008.

[80] 杨源 . 中国服饰百年时尚 [M]. 呼和浩特 : 远方出版社 ,2003.

[81] 蒋一谈 . 图说清代女子服饰 [M]. 北京 : 中国轻工业出版社 ,2007.

[82] 秦风 . 一个时代的谢幕 [M]. 桂林 : 广西师范大学出版社 ,2007.

[83] 满懿 . "旗"装"奕"服——满族服饰艺术 [M]. 北京 : 人民美术出版社 ,2013.

[84] 龚建培 . 摩登佳丽——月份牌与海派文化 [M]. 上海 : 上海人民美术出版社 ,2015.

[85] 施茜 . 与万籁鸣同时代的海上时尚设计圈 [M]. 北京 : 中国书籍出版社 ,2013.

[86] 曾越 . 社会 • 身体 • 性别 : 近代中国女性图像身体的解放与禁锢 [M]. 桂林 : 广西师范大学出版社 ,2014.

[87] 陈国庆.中国近代社会的转型 [M].上海：社会科学出版社,2005

[88] 虞和平,谢放.中国近代通史（第三卷)[M].南京：江苏人民出版社,2007.

[89] 张绪谔.乱世风华——20世纪40年代上海生活与娱乐的回忆 [M].上海：上海人民出版社,2009.

[90] 李欧梵.上海摩登——种新都市文化在中国 [M].毛尖,译.北京：北京大学出版社,2001.

[91] 龚建培.近代江浙沪旗袍织物设计研究（1912-1937)[D].武汉：武汉理工大学,2018.

[92] 张羽.民国男性服饰文化研究 [D].上海：上海戏剧学院,2014.

[93] 吴昭莹.从上海《月份牌》看近代中国女性妆饰与女性意识的演变 [D].屏东：屏东教育大学,2010.

[94] 阮慧敏.一九四九年以前上海地区月份牌所反映的市民品味 [D].台北：台北艺术大学,2002.

[95] 李楠.1920年代中西方女装比较与解读 [D].北京：清华大学，2011.

[96] 杜瑞雪.月份牌女性服饰研究 [D].苏州：苏州大学，2008.

[97] 顾万方.杭穉英与月份牌画艺术 [D].南京：南京师范大学,2005.

[98] 蒋媛.论月份牌中的女性符号 [D].西安：西北大学,2005.

[99] 时璇."五四"前后月份牌中"女学生"图像的功能研究 [D].北京：中央美术学院,2008.

[100] 王婷婷.符号与月份牌 [D].长沙：湖南师范大学,2005.

[101] 万芳.民国时期上海女装西化现象研究 [D].上海：东华大学,2005.

[102] 施筱萌.中国近现代服装画研究 [D].西安：陕西师范大学,2013.

[103] 温润.二十世纪中国丝绸纹样研究 [D].苏州：苏州大学,2011.

[104] 刘思源.论月份牌广告画对民国旗袍流行的影响 [D].北京：北京服装学院,2013.

[105] 陈洁.从上海月份牌解读近代中国社会文化的变迁与发展 [D].长沙：湖南师范大学,2011.

[106] 黄梓桐.《玲珑图画杂志》中的改良旗袍研究 [D].北京：中央民族大学,2017.

[107] 党芳莉,朱瑾.20世纪上半叶月份牌广告画中的女性形象及其消费文化 [J].海南师范大学学报(社会科学版),2005(3):130-134.

[108] 焦润明.中国近代市民社会的崛起与文化选择 [J].沈阳师范学院学报(社会科学版),1999(1):16-21.

[109] 葛菁.月份牌年画的历史分期和演进规律 [J].装饰,2003(4):36-37.

[110] 李新华.月份牌年画兴衰谈 [J].民俗研究,1999(1):65-69.

[111] 余晓宏.从妇女服饰看近代上海社会变迁 [J].宿州教育学院学报,2005(2):34-37.

[112] 熊月之.上海租界与文化融合 [J].学术月刊,2002(5):56-62.

[113] 郑立君.场景与图像——二十世纪二三十年代中国社会的"现代化"转型与"月份牌"[J].艺术百家,2005(4):65-70.

[114] 周武 . "西区" 的开发与上海的摩登时代 [J]. 上海师范大学学报 (哲学社会科学版), 2007(4):97-100.

[115] 周武 . 百年上海研究二题 [J]. 档案春秋 , 2000(6):40-42.

[116] 蒋雪静 . 民国西化运动中的女性服饰风尚 [J]. 装饰 , 1998(6):17-20.

[117] 张竞琼 . 上海近现代服饰时尚传播中的画家 [J]. 装饰 , 2003(2):30-31.

[118] 梁惠娥 , 张竞琼 . 从《良友》看民国时期上海服饰的时尚特征 [J]. 装饰 , 2005(11):46-47.

[119] 袁仄 . 中山服初考 [J]. 装饰 , 2007(6):54-57.

[120] 张竞琼 , 翟梅宇 , 孙晔 . 西风吹拂下的民国服装画 [J]. 装饰 , 2007 (10):65-67.

[121] 王宏付 . 民国时期上海婚礼服中的 "西化" 元素 [J]. 装饰 , 2006(10)：20-21.

[122] 郑永福 , 吕美颐 . 论民国时期影响女性服饰演变的诸因素 [J]. 中州学刊 , 2007 (5).

[123] 卞向阳 , 贾晶晶 , 陈宝菊 . 论上海民国时期的旗袍配伍[J]. 东华大学学报 (自然科学版), 2008(6):713-718.

[124] 李薨 , 王斌 . 民国时期上海地区画家群体的服装设计活动研究 [J]. 南京艺术学院学报 : 美术与设计版 , 2010(4):70-72.

[125] 邵晨霞 . "西风东渐" 对民国时期服饰的影响 [J]. 丝绸 ,2010(4):47-49.

[126] 龚建培 . 月份牌绘画与海派服饰时尚 [J]. 民族艺术研究 ,2011(5):140-143.

[127] 范滢 . 从民国时装人物粉彩瓷画解析海派摩登女性服饰审美风尚 [J]. 装饰 , 2014(8):141-142.

[128] 郭东 . 中山装的审美价值取向与审美特征 [J]. 江西社会科学 , 2015(4):39-43.

[129] 卞向阳 , 陆立钧 , 徐惠华 . 民国时期上海报刊中的服饰时尚信息 [J]. 福州大学学报 (哲学社会科学版), 2009(1):85-91.

[130] 卞向阳 . 论旗袍的流行起源 [J]. 装饰 , 2003(11):68-69.

[131] 孟兆臣 . 中国近代小报中的时尚资料 [J]. 社会科学战线 ,2011(3):148-152.

[132] 龚建培 . 摩登风尚 [J]. 中国服饰 , 2015(5):106-107.

[133] 龚建培 . 解读 "旗袍" [J]. 南京艺术学院学报 (美术与设计), 2017(2):64-69.

[134] 龚建培 , 严宜舒 . 从《上海漫画》广告中窥探上海服饰时尚之变迁 (1928-1930)[J]. 服装学报 ,2017(2):152-159.

[135] 汪圣云 . 论中国近代纺织工业的兴起及其历史作用 [J]. 武汉科技学院学报 , 2000(2):84-88.

[136] Harris J. 5000 Years of Textiles[M]. London: British Museum Press,2004.

[137] Gillow J, Sentence B. World Textiles[M]. London: Thames&Hudson,1999.

[138] Scott P. The Book of Silk[M]. London: Thames& Hudson,2001.

[139] Hsiao L. China's Foreign Trade Statistics 1864-1949[M]. Cambridge: Harvard University Press,1974.

[140] Finnane A. Changing Clothes in China[M].New York: Columbia University Press,2008.

[141] Garrelt M V. China Clothing an Illustrated Guide[M]. Oxford: Oxford University Press,1994.

[142] McAleavy H. The Modern History of China[M].London: Weidenfeld and Nicolson,1967.

[143] Yeh W H . Shanghai Splendor: Economic Sentiments and the Making of Modern China, 1843–1949[M]. Berkeley: University of California Press, 2007.

[144] Reed D. Made in China[M].San Francisco: Chronicle books,2004.

[145] Sherman C. Inventing Nanjing Road: Commercial Culture in Shanghai,1900–1945[M].New York: East Asia Program, Cornell University,1999.

[146] Benjamin A E. On Their Own Terms: Science in China,1550–1990 [M]. Cambridge: Harvard University Press,2005.

[147] Albert F. China's Early Industrialization, Sheng Hsuan–Huai(1844–1916) and Mandarin Enterprise[M]. New York: Antheneum,1970.

附录
APPENDIX

附录 1　月份牌中的男装分析表

序号	月份牌	服装款式分析	图片名称	图片来源
1		长袍	捉迷藏图	张燕风：老月份牌广告画（下卷），台北，汉声出版社，1994年，第99页
2		长袍，搭配眼镜	无锡懋伦绸缎庄广告（郑曼陀绘）	张燕风：老月份牌广告画（下卷），台北，汉声出版社，1994年，第101页
3		长袍马褂		张燕风：老月份牌广告画（下卷），台北，汉声出版社，1994年，第61页
4		长袍马褂	集体婚礼图	素素：《浮世绘影：老月份牌中的上海生活》，香港，生活·读书·新知三联书局，2001年，第66页

序号	月份牌	服装款式分析	图片名称	图片来源
5		西服套装	啼笑姻缘图（穉英画室绘）	张燕风：老月份牌广告画（下卷），台北，汉声出版社，1994 年，第 122 页
6		西服套装	情侣图（穉英画室绘）	张燕风：老月份牌广告画（下卷），台北，汉声出版社，1994 年，第 100 页
7		西服套装	双姝共舞图	吴昊，等，编：《都会摩登——月份牌：1910s~1930s》，香港，生活·读书·新知三联书局，1994 年，第 134 页
8		西服上衣与长裤、皮鞋。上衣款式相近，面料质感与颜色不同	无锡戆伦绸缎庄广告（郑曼陀绘）	张燕风：老月份牌广告画（下卷），台北，汉声出版社，1994 年，第 101 页

续表

序号	月份牌	服装款式分析	图片名称	图片来源
9		长袍马褂	快乐家庭（金梅生绘，20世纪30年代，上海三一印刷公司月份牌）	龚建培.摩登佳丽——月份牌与海派文化[M].上海：上海人民美术出版社，2015年，第198页
10		西服上衣与长裤、皮鞋。不同质料与色彩	瑞伦烟月份牌（郑曼陀绘，20世纪30年代）	龚建培.摩登佳丽——月份牌与海派文化[M].上海：上海人民美术出版社，2015年，第50页
11		西服套装	中国大东烟草公司月份牌（杭穉英绘，20世纪40年代）	龚建培.摩登佳丽——月份牌与海派文化[M].上海：上海人民美术出版社，2015年，第46页
12		西服套装	中国山东烟公司月份牌（金梅生绘，20世纪30年代）	龚建培.摩登佳丽——月份牌与海派文化[M].上海：上海人民美术出版社，2015年，第46页

注 该表对现阶段收集的包含男性形象的月份牌图像进行服装款式分析归纳。

附录 2 女装款式对照表

款式	照片	月份牌
上衣下裙 （元宝领上衣）		
上衣下裙与文明新装		
上衣下裤		
马甲旗袍		

续表

款式	照片	月份牌
倒大袖旗袍		
旗袍搭配马甲		
旗袍搭配长款外套		
旗袍搭配毛领大衣		

款式	照片	月份牌
旗袍搭配毛皮外套		
旗袍搭配短西服上衣		
旗袍搭配披肩		
拖地旗袍		

续表

款式	照片	月份牌
喇叭袖连衣裙		
泡泡袖连衣裙		
泡泡袖上衣搭配背带裙		

注 月份牌中女装样式丰富，参照老照片分析，月份牌中女性图像很多都有据可依。

附录 3 月份牌中的儿童服饰分析表

序号	月份牌	服装款式分析	图片名称	图片来源
1		男童穿长袍，戴软帽	箭鼓牌套鞋广告（铭生绘）	张燕风：老月份牌广告画（下卷），台北，汉声出版社，1994年，第114页
2		男童穿长褂	萱花结子图（穉英画室绘）	张燕风：老月份牌广告画（下卷），台北，汉声出版社，1994年，第123页
3		男童穿长袍马甲	亲子共游图	赵琛：中国近代广告文化，台北，大计文化事业有限公司，2002年，第107页
4		女童穿齐膝旗袍，男童穿长袖上衣	中国南洋兄弟烟草公司广告（穉英画室绘）	张燕风：老月份牌广告画（下卷），台北，汉声出版社，1994年，第67页

序号	月份牌	服装款式分析	图片名称	图片来源
5		左一女童穿长款旗袍，左二男童穿短袖衬衫搭配短裤，右二男童穿西装上衣搭配短裤，右一女童穿西式连衣裙	捉迷藏图	张燕风：老月份牌广告画（下卷），台北，汉声出版社，1994年，第99页
6		女童穿短款旗袍，男童穿长袖上衣搭配坎肩，下身穿长裤	三井洋行广告（都美绘）	张燕风：老月份牌广告画（下卷），台北，汉声出版社，1994年，第103页
7		女童穿短袖连衣裙，男童穿长衣长裤	教子成名图（石青绘）	张燕风：老月份牌广告画（下卷），台北，汉声出版社，1994年，第123页
8		男童穿长袍（从衣着状态看，更似西式睡袍）	恭贺新禧图（石青绘）	张燕风：老月份牌广告画（下卷），台北，汉声出版社，1994年，第83页

续表

序号	月份牌	服装款式分析	图片名称	图片来源
9		男童疑似穿白色长袖衬衫	负儿戏镜图（郑曼陀绘）	张燕风：老月份牌广告画（下卷），台北，汉声出版社，1994年，第17页
10		从上而下依次为：男童穿长袖衬衫与短裤，女童穿A型连衣裙，女童穿长袖上衣与背带裤，男童穿长衣与长裤	儿童屏（稚英画室绘）	张燕风：老月份牌广告画（下卷），台北，汉声出版社，1994年，第106页
11		女童穿A型长裙，男童穿短袖衬衫与短裤	儿童屏（稚英画室绘）	张燕风：老月份牌广告画（下卷），台北，汉声出版社，1994年，第107页
12		男童穿海军风长袖衬衫与短裤，女童穿X型连衣裙	双钱牌胶鞋广告（金肇芳绘）	张燕风：老月份牌广告画（下卷），台北，汉声出版社，1994年，第114页

序号	月份牌	服装款式分析	图片名称	图片来源
13		男童穿海军风长袖衬衫与短裤	四季运动图（金肇芳绘）	张燕风：老月份牌广告画（下卷），台北，汉声出版社，1994年，第122页
14		男童穿短袖衬衫与短裤，西服上衣与长裤	（廷康绘）	张燕风：老月份牌广告画（下卷），台北，汉声出版社，1994年，第122页
15		男童服装款式为短袖衬衫与背带裤；女童穿 A 型连衣裙	庆祝圣诞图（穉英画室绘）	张燕风：老月份牌广告画（下卷），台北，汉声出版社，1994年，第122页
16		男童穿短袖衬衫与短裤	模范家庭图（穉英画室绘）	张燕风：老月份牌广告画（下卷），台北，汉声出版社，1994年，第123页

序号	月份牌	服装款式分析	图片名称	图片来源
17		男童穿短袖上衣与短裤	中国山东烟公司广告 （铭生绘）	张燕风：老月份牌广告画（下卷），台北，汉声出版社，1994年，第82页
18		男童穿短袖上衣与短裤	宏兴鹧鸪菜广告 （穉英画室绘）	张燕风：老月份牌广告画（下卷），台北，汉声出版社，1994年，第94页
19		男童穿短袖上衣与短裤； 女童穿连衣裙与长筒袜	（胡维敏绘）	张燕风：老月份牌广告画（下卷），台北，汉声出版社，1994年，第114页
20		男童穿短袖上衣与短裤	四季运动图 （金肇芳绘）	张燕风：老月份牌广告画（下卷），台北，汉声出版社，1994年，第122页

序号	月份牌	服装款式分析	图片名称	图片来源
21		前面男童穿长袖上衣与短裤；后面男童穿短袖上衣，下身衣着不明	（铭生绘）	张燕风：老月份牌广告画（下卷），台北，汉声出版社，1994年，第123页
22		男童穿短袖上衣与短裤；女童穿连衣裙	明星消遣图（金肇芳绘）	张燕风：老月份牌广告画（上卷），台北，汉声出版社，1994年，第58页
23		男童穿短袖上衣与短裤；	司各脱乳白鲨鱼肝油	吴昊，等：都会摩登——月份牌：1910s—1930s，香港，生活·读书·新知三联书局，1997年，第151页
24		男童穿大衣	冠生园食品有限公司广告（稚英画室绘）	张燕风：老月份牌广告画（上卷），台北，汉声出版社，1994年，第36页

续表

序号	月份牌	服装款式分析	图片名称	图片来源
25		从左至右服装依次为：左一女童穿长衣长裤；左二与左三儿童穿大衣外套与长裤；		赵琛：《中国近代广告文化》，台北，大计文化事业有限公司，2002年
26		女童穿连帽外套；男童一穿长袖外套与短裤，男童二穿短衣短裤		张锡昌：《美女月份牌》，上海，上海锦绣文章出版社，2008年，第73页
27		男童疑似穿翻领大衣。女童穿大衣，或连衣裙	奉天太阳烟公司广告（杭穉英绘，20世纪30年代）	赵琛：《中国近代广告文化》，台北，大计文化事业有限公司，2002年
28		男童穿儿童款军服，女童穿连衣裙	中国华美烟公司广告（石青绘）	张燕风：老月份牌广告画（下卷），台北，汉声出版社，1994年，第88页

序号	月份牌	服装款式分析	图片名称	图片来源
29		男童穿西装， 女童穿上衣下裤		张燕风：老月份牌广告画（下卷），台北，汉声出版社，1994年，第94页
30		男童穿西装与短裤， 女童穿连衣裙	好学图 （稚英画室绘）	张燕风：老月份牌广告画（下卷），台北，汉声出版社，1994年，第100页
31		男童穿长衣与短裤，长衣疑似针织面料	四季运动图 （金肇芳绘）	张燕风：老月份牌广告画（下卷），台北，汉声出版社，1994年，第122页
32		女童穿A型连衣裙	威廉士医生药局广告 （稚英画室绘）	张燕风：老月份牌广告画（上卷），台北，汉声出版社，1994年，第35页

序号	月份牌	服装款式分析	图片名称	图片来源
33		女童穿 A 型连衣裙	中国华成烟公司广告 （谢之光绘）	张燕风：老月份牌广告画（下卷），台北，汉声出版社，1994 年，第 78 页
34		女童穿 A 型连衣裙	戏犬图 （穉英画室绘）	张燕风：老月份牌广告画（下卷），台北，汉声出版社，1994 年，第 88 页
35		女童穿 A 型连衣裙	四季运动图 （金肇芳绘）	张燕风：老月份牌广告画（下卷），台北，汉声出版社，1994 年，第 122 页
36		女童穿 A 型连衣裙	（金梅生绘）	张燕风：老月份牌广告画（下卷），台北，汉声出版社，1994 年，第 122 页

序号	月份牌	服装款式分析	图片名称	图片来源
37		女童穿 A 型连衣裙	（金梅生绘）	张燕风：老月份牌广告画（下卷），台北，汉声出版社，1994 年，第 122 页
38		女童穿 X 型连衣裙	（稚英画室绘）	张燕风：老月份牌广告画（上卷），台北，汉声出版社，1994 年，第 59 页
39		女童穿 X 型连衣裙	驻奉中俄烟公司广告	张燕风：老月份牌广告画（下卷），台北，汉声出版社，1994 年，第 84 页
40		女童疑似穿 X 型连衣裙	明星歌舞图（石青绘）	张燕风：老月份牌广告画（下卷），台北，汉声出版社，1994 年，第 102 页

续表

序号	月份牌	服装款式分析	图片名称	图片来源
41		女童穿连衣裙	（郑曼陀绘）	张燕风：老月份牌广告画（下卷），台北，汉声出版社，1994年，第70页
42		女童疑似穿连衣裙	（穉英画室绘）	张燕风：老月份牌广告画（下卷），台北，汉声出版社，1994年，第84页
43		女童疑似穿连衣裙	娇儿受乳图（石青绘）	张燕风：老月份牌广告画（下卷），台北，汉声出版社，1994年，第116页
44		女童穿连衣裙	天伦之乐图（谢之光绘）	张燕风：老月份牌广告画（下卷），台北，汉声出版社，1994年，第108页

序号	月份牌	服装款式分析	图片名称	图片来源
45		女童穿连衣裙	（谢之光绘）	张燕风：老月份牌广告画（下卷），台北，汉声出版社，1994年，第123页
46		女童穿连衣裙	儿童乐园图（穉英画室绘）	张燕风：老月份牌广告画（下卷），台北，汉声出版社，1994年，第123页
47		女童穿连衣裙		宋家麟：老月份牌，上海，上海画报出版社，1997年，第76页
48		女童穿西式上衣与长裤	萱花结子图（金梅生绘）	张燕风：老月份牌广告画（下卷），台北，汉声出版社，1994年，第123页

序号	月份牌	服装款式分析	图片名称	图片来源
49		女童穿泳装	中国南洋兄弟烟草公司广告 （稺英画室绘）	张燕风：老月份牌广告画（下卷），台北，汉声出版社，1994 年，第 67 页

注 该表对现阶段收集的包含儿童形象的月份牌图像进行服装款式整理归纳。

内 容 提 要

月份牌是民国时期中西文化交流与碰撞的商业艺术表现，其中的绘画图像包含了丰富的民国民俗资料，涵盖了衣、食、住、行各方面，形象地记录了民国社会生活的变迁。

本书通过月份牌画中的人物图像解析，对月份牌中的服饰进行新的解读和再研究，以风格梳理和审美分析为重点，围绕历史语义和文化特性对月份牌画中的服饰与民国时期的社会文化现象进行研究，对当代中国服装发展具有借鉴和重要启示。适于对服饰文化、时尚文化、服饰设计等感兴趣的读者及专业人士阅读研究。

图书在版编目（CIP）数据

月份牌画中的民国服饰研究 / 王珺英著 . -- 北京：中国纺织出版社有限公司，2021.9
（设计学系列成果专著 / 任文东主编）
ISBN 978-7-5180-8311-4

Ⅰ . ①月… Ⅱ . ①王… Ⅲ . ①服饰—研究—中国—民国 Ⅳ . ① TS941.742

中国版本图书馆 CIP 数据核字（2021）第 004765 号

责任编辑：谢冰雁 苗苗 责任校对：江思飞
责任印制：王艳丽

中国纺织出版社有限公司出版发行
地址：北京市朝阳区百子湾东里 A407 号楼 邮政编码：100124
销售电话：010—67004422 传真：010—87155801
http://www.c-textilep.com
中国纺织出版社天猫旗舰店
官方微博 http://weibo.com/2119887771
北京华联印刷有限公司印刷 各地新华书店经销
2021 年 9 月第 1 版第 1 次印刷
开本：787×1092 1/16 印张：13
字数：175 千字 定价：98.00 元